IoT变现

5G 时代，物联网新赛道上如何弯道超车

[日] 大前研一 ○ 著　朱悦玮 ○ 译

北京时代华文书局

图书在版编目（CIP）数据

IoT 变现 ／（日）大前研一著；朱悦玮译 . -- 北京：北京时代华文书局，2019.12

ISBN 978-7-5699-3217-1

Ⅰ．① I… Ⅱ．①大… ②朱… Ⅲ．①互联网络－应用 ②智能技术－应用

Ⅳ．① TP393.4 ② TP18

中国版本图书馆 CIP 数据核字（2019）第 230830 号

北京市版权局著作权合同登记号 图字：01-2018-5392

Original Japanese title: Ohmae Kenichi IoT KAKUMEI
Copyright © Kenichci Ohmae 2016
Original Japanese edition published by President Inc.
Simplified Chinese translation rights arranged with President Inc.
through The English Agency (Japan) Ltd. and Eric Yang Agency Inc.

IoT 变现
IoT bianxian

著　　者 |（日）大前研一

出 版 人 | 陈　涛
选题策划 | 樊艳清
责任编辑 | 樊艳清　张超峰
装帧设计 | 私书坊 _ 刘俊　赵芝英
责任印制 | 刘　银

出版发行 | 北京时代华文书局 http://www.bjsdsj.com.cn
　　　　　北京市东城区安定门外大街 138 号皇城国际大厦 A 座 8 楼
　　　　　邮编：100011　电话：010-64267955　64267677

印　　刷 | 三河市兴博印务有限公司　0316-5166530
　　　　　（如发现印装质量问题，请与印刷厂联系调换）

开　　本 | 880mm×1230mm　1/32　印　张 | 6.5　字　数 | 100 千字
版　　次 | 2020 年 3 月第 1 版　　印　次 | 2020 年 3 月第 1 次印刷
书　　号 | ISBN 978-7-5699-3217-1
定　　价 | 48.00 元

自从互联网出现以后，全球化的速度得到了巨大的提升。商业活动的状态也与互联网出现之前相比发生了翻天覆地的变化。不过到目前为止，人类要想通过互联网取得联系，还离不开电脑和手机之类的终端设备。

但不远的将来，不只IT设备，就连汽车、家电等所有的物体都会搭载上传感器和监控器，通过互联网连接起来。

这就是IoT（物联网：Internet of Things）。

比如给冰箱里的东西都分配一个IP（Internet Protocol），那么想要什么就可以通过自助下单来进行选择。说白了就是将互联网的虚拟空间与现实空间结合到一起。

这样以来，产业的结构以及商业活动的方式和方法都将发生更加剧烈的变化。如今，像谷歌和苹果这样的IT企业都已经积极参与到汽车行业之中来，未来类似这样的情况将会出现在各个行业之中。

本书不但对什么是IoT进行了非常详细的解释与说明，还通过实际的成功案例对企业如何利用IoT来把握商机进行了解说。

说本书是最新、最具有实践意义的IoT教材也不为过。

大前研一

目录

第一章 IoT战略的关键

第二章 **IoT怎样改变未来**

第四章　汽车的自动驾驶与智能交通系统的新形态

第一章

IoT战略的关键

大前研一

PROFILE

大前研一　Kenichi Ohmae

早稻田大学毕业后，在东京工业大学取得硕士学位，在麻省理工学院取得博士学位。曾在日立制作所、麦肯锡管理顾问公司任职，现在担任在线教育BBT（Business Breakthrough）大学校长兼董事长。著作有《"从0到1"思考术》《低欲望社会》《低增长社会》等。1995年获得美国圣母大学名誉法学博士。英国《经济学人》杂志曾评价道："当代世界的思想家，美国有彼得·德鲁克、汤姆·彼得斯，亚洲有大前研一，欧洲大陆则没有能够与之匹敌的思想家。"

什么是IoT

所谓IoT（Internet of Things），指的就是将搭载传感器具有通信功能的"物体"，通过互联网与其他所有的物体连接起来的状态（图1）。

我初次接触IoT，是在连这个词还没有出现的2000年左右。时任US West总裁的楚曦佑（Sol Trujillo）在圣地亚哥成立了美国第一家M2M（Machine to Machine）公司，我被邀请担任该公司的外部董事。

当时手机刚刚普及，在P2P（Person to Person）的基础上，通过远程控制将自动贩卖机内的零钱和商品数量传送给负责人的M2P（Machine to Person）也终于能够实现。

我们的第一个客户是可口可乐，可口可乐公司的经营模式是，由总公司向位于世界各地的可口可乐公司销售可口可乐浓缩液，而各地的可口可乐公司则在浓缩液中加入水和二氧化碳使之成为商品进行销售。但是，有些不法商贩却违反总公司的规定，为了获取更多的利益往产品中添加更多的水。于是，可口可乐公司与麦当劳等销售店铺进行合作，建立起了一个通过传感器来检测产品中各个成分的比率，并利用远程终端收集与传送数据的系统。但当时数据传输网络还不像现在这么发达，为了让这一系统运转起来，必须铺设专用的线路。

如今数据传输网络已经遍布全世界每个角落，传感器也变得非

图1　什么是 IoT

所谓IoT（Internet of Things），指的就是将搭载传感器具有通信功能的"物体"，通过互联网与其他所有的物体连接起来的状态。

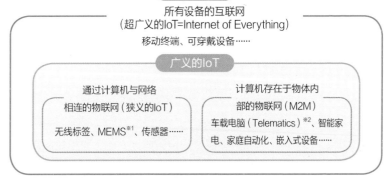

※1 Micro-Electro-Mechanical System: 微机电系统
※2 Telematics: 将通信系统与汽车等交通工具结合起来, 实时提供信息服务的技术

资料: BBT大学综合研究所基于zdnet Japan制作 ©BBT大学综合研究所

常小巧，通过智能手机就可以进行数据的传送和接受，但这些在过去都是难以想象的。

所以当我向NTT DoCoMo推销M2M技术的时候，对方的反应是"你说的这些道理我们都明白，但日本光是为了推行P2P就已经竭尽全力，哪还有精力去思考M2M这没有影的事情呢"。

我们的第二个项目是对便利店展示柜内部的温度进行管理。为了让展示柜内部的温度保持在7~8℃，就必须在监测外部温度的同时，对制冷的功率进行调整。这项操作也可以通过遥控器来远程进行。当时我们采取的是开发专用传感器以及铺设专用线路的方法，现在看来这种方法真的是非常原始。

后来我们又进军了安保领域。自从"9·11事件"之后，安保相关领域的市场一下扩大了不少。所以这在当时也算是一个相当大的项目。不过，如今就连像Safie这样的新兴企业也能够以极低的价格提供安保服务，只要安装在大门上面的170°超广角摄像头发现可疑目标，就会立刻将信息传送给事先登陆过的手机或者电脑。这都是因为数据传输网络如今已经遍及全国，所以安保才变得如此简单。另外，由于数据可以在云端保存一周的时间，因此其价格也变得非常便宜，每个月只需要980日元（约合人民币65元）。

作为社会系统刚刚起步的IoT

在日本第一个利用数据传输网络进行实用试验的人是庆应义塾大学环境情报学部的村井纯教授。他在名古屋的出租车上安装了传感器，给每一个雨刷器都分配了IPv6地址，从而能够通过互联网实时掌握雨刷器的运转情况。这样以来，一旦某个区域的出租车雨刷器同时启动，就说明这个区域下雨了。而下雨的话必然会导致民众对出租车的需求增加，只要将位于其他区域的出租车调过来，就可以实现更高效率的运营。不过，实际上出租车总是过于集中在某一个地方，事情发展的并不如预料之中那么顺利。

这一方法可以应用于许多方面。比如在山顶附近设置一个检测降雨量的传感器，通过数据传输网络来传送数据。这样以来，位于山脚下露营场地的登山者就可以通过智能手机上的应用程序来事先确认山上是否有雨，从而避免遭遇泥石流或山崩的危险。

实际上，这种系统并不复杂。简单说就是安装一个能够感知变化的传感器，通过数据传输网络来收集信息，然后利用数据处理器对存储在云端的大数据进行处理。

根据数据处理的结果，将类似于"三十分钟之内河水将会暴涨，应该进行紧急疏散和避难"之类的信号发送给相关人员即可。此外，将这种模式延伸展开，还可以应用在许多方面。比如在房间里没有人的时候，自动调节空调温度达到省电效果的智能家居系统就是其中之一。

通过在公交车的座位上安装重量感应装置，可以使在车站候车的乘客提前了解到公交车上的拥挤情况，从而能够及时地做出"不搭乘这辆拥挤的公交车，等候下一辆公交车"的判断。这种做法也能够使公交车的运行更加顺畅，因此已经被许多公交公司采用。

不过，虽然这些系统很早以前就已经被工厂广泛引入，但在社会上应用还尚处于起步阶段。从这个意义上来说，IoT是一个非常具有开发潜力的领域。

我就曾经将重量感应装置应用于交通控制。在欧姆龙的创始人立石一真的赞助下，我从20世纪80年代起创立了许多与信息技术相关的事业（主要以交通系统领域为主）。最有代表性的就是车站的售票机以及全世界第一个乘客门（Passenger Gate）。

此外，还有让车流量与信号灯同步的系统。这个系统可以通过线性规划（Linear Programming）计算出应该何时改变信号灯的颜色才能使车流量实现最大化。

通过在十字路口的地下埋设涡电流传感器检测上面是否有车辆行驶，然后利用遥控器改变信号灯颜色的系统。这样可以使主干道在辅路没有车的时候一直保持绿灯，从而缓解交通拥堵的情况。

通过在高速公路上的特定地点设置图像传感器，可以对过往车辆的图像进行解析，然后将解析数据送往下一个地点，从而计算出车辆通行所花费的时间，不但可以把握高速公路上有多少千米的距离出现了拥堵的情况，还可以计算出通过拥堵路段所需的平均时间。也就是说，不但可以事先通知在高速公路上行驶的司机前方路段拥堵，还可以告诉他们通过拥堵路段需要多少时间，后者的信息显然更有意义。当时，这些构想就已经存在于我的脑海之中。如果将这些信息模式化之后套用在其他领域，甚至可以说在所有的领域中都存在着商业机会。

从今往后是IoT的时代

说起IoT，或许会有人认为这是一个非常具有科技含量而且难以理解的东西。但实际上，IoT就是将收集原始数据、进行解析、获取结果、找出隐含在结果之中的意义这一系列流程都交给电子设备进行处理而已。因为现在是所有一切都通过互联网连接在一起的时代（Internet of Everything），所以只要有发信器与传感器，上述的一切都完全可以实现。

我还积极地将IoT应用于由我亲自创设并且担任校长的BBT大学大学院的远程教育中。

在进行远程教育的时候，如何把握学生的听课状况，对校方来说一直以来都是非常难以解决的问题。曾经与BBT进行合作的南加州大学（USC）就因为远程教育无法确认出席情况而拒绝授予学位。于是我开发了一个系统，这个系统与接受远程教育的学生所使用的电脑中的内置时钟同步，当学生按下开始上课的按钮之后，每一小时出现5次随机的字母或数字，学生必须在一定时间内通过键盘输入同样的数字，这就证明学生在授课期间并没有缺席。这个系统在日本和美国都申请了专利。

由于最近越来越多的人开始使用iPad和iPhone接受远程教育，于是我对上述系统增加了一些改进，学生可以通过直接在屏幕上点击相应的位置来进行确认。

另外，我还利用iPad和iPhone内置的水平传感器，使学生可以通过上下或者左右晃动设备来表示对老师提问的赞成或反对，这样授课教师也能够第一时间把握学生赞成和反对的比例。关于这项技术我也申请了专利。

思科公司的前总裁兼CEO约翰·钱伯斯在卸任前的最后一次演讲中说出了一句非常具有冲击力的发言，那就是"从今往后将是IoT的时代"。毫无疑问，IoT时代到来了！面对即将到来的IoT时代我们应该做些什么？我认为关键在于成为一个能够自己思考的人。

IoT的组成要素

正如前文中提到过的那样，IoT是利用无线标签、传感器、MEMS（Micro-Electro-Mechanical System：微机电系统）等，通过计算机与网络相连的物联网。

从狭义上来说，IoT指的是车载电脑、智能家电、家庭自动化以及嵌入式设备等将计算机置于物体内部的物联网，在绝大多数情况下与M2M几乎具有相同的含义。

对全球的IoT市场进行分析可以得知，预计到2020年，这一市场的规模将扩大到2016年的2.5倍，达到大约3兆美元（图2）。原因包括以下三点：①"顾客关系（Consumer）"、②"垂直特异性（Vertical Specific）"、③"跨行业发展（Cross Industry）"。

此外，IoT连接的设备数量将增加到2016年的4倍达到208亿个。在P2P的情况下，连接数将受全球总人口数量的限制，但对于M2M来说，因为是设备之间的连接，所以连接数几乎是无限的。

图2

预计到2020年，IoT市场的规模将扩大到2016年的2.5倍，达到大约3兆美元，IoT连接的设备数将增加到2016年的4倍达到208亿个。

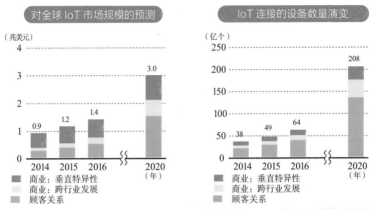

对全球 IoT 市场规模的预测

（兆美元）

商业：垂直特异性
商业：跨行业发展
顾客关系

IoT 连接的设备数量演变

（亿个）

商业：垂直特异性
商业：跨行业发展
顾客关系

资料:BBT大学综合研究所基于Gartner制作 ©BBT大学综合研究所

虽然在此之前也有一些设备能够与互联网相连，但如今随着智能手机能够充当网关使用，再加上BLE（Bluetooth Low Energy：蓝牙低能耗）技术的出现，使得IoT普及的速度得到了进一步的提升。

接下来，让我们来细看一看IoT都是由哪些要素所构成的（图3）。

首先是IoT的设备终端。这部分包括传感器、计量器、信标、可穿戴设备、汽车、家庭机器人、HEMS（Home Energy Management Systems：家庭能源管理系统），个人电脑、智能手机、平板电脑等。

日本曾经在传感器领域一枝独秀，但现在世界各国的生产商都开发出了各种各样的传感器。以湿度传感器为例，有单纯测量湿度高低的，还有能够区分湿度差异的，因为传感器所需的功能千差万别，所以各国的企业都抓住自身擅长的领域深入研究，将最有竞争力的产品推向市场。

其次是网络。在这个世界上存在着Wi-Fi、BLE（Bluetooth Low Energy）、Zigbee、3G、4G、FTTH（Fiber To The Home）等网络。然

图3

虽然在此之前也有与一些设备能够与互联网相连，但如今随着智能手机能够充当网关使用，再加上BLE技术的出现，使得IoT普及的速度得到了进一步的提升。

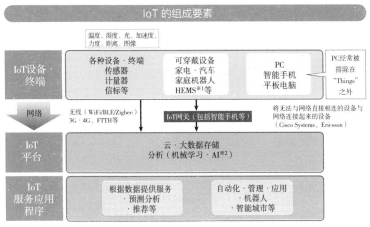

※1 HEMS: Home Energy Management Systems
※2 AI: Artificial Intelligence

资料: BBT大学综合研究所基于各种资料·文献制作 ©BBT大学综合研究所究所

后是大数据的存储与分析，在这一方面AI扮演着非常重要的角色。因为人类没办法对如此庞大的数据逐一地进行分析。最后是对收集到的数据进行应用的应用程序。除了预测分析和推荐之外，最近还被应用在机器人、智能城市等的自动化、管理，以及运营上。

IoT设备的基本结构（图4）

通过传感器之类的输入设备来感知现实世界的变化，并且将其转换为电子信号输送给微机底板和通信模块等IoT设备。然后将分析结果再次转换为电子信号，通过输出设备反馈回现实世界，这就是IoT的结构。在这一过程中，绝大多数的数据都通过网络被送往云端保存。

最有代表性的传感器包括温度/湿度、光、加速度、力度、距离、图像等传感器。其中力度因为能够感知受力情况，因此老年人起床传感器就属于此类。另外在工作现场，监测气体泄漏的传感器也十分常见。

与IoT相关的主要组成部分包括设备、网络、云。设备又包括产品·仪器与电子零件·模块，网络包括通信、网络，云包括IoT平

图 4

IoT将各种传感器作为输入设备，可以应用于许多方法。

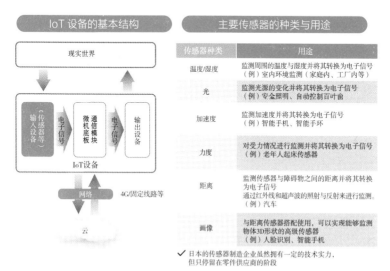

| IoT 设备的基本结构 | 主要传感器的种类与用途 | | |

主要传感器的种类与用途

传感器种类	用途
温度/湿度	监测周围的温度与湿度并将其转换为电子信号 （例）室内环境监测（家庭内、工厂内等）
光	监测光源的变化并将其转换为电子信号 （例）安全照明、自动控制百叶窗
加速度	监测加速度并将其转换为电子信号 （例）智能手机、智能手环
力度	对受力情况进行监测并将其转换为电子信号 （例）老年人起床传感器
距离	监测传感器与障碍物之间的距离并将其转换为电子信号 通过红外线和超声波的照射与反射来进行监测。 （例）汽车
画像	与距离传感器搭配使用，可以实现能够监测物体3D形状的高级传感器 （例）人脸识别、智能手机

✓ 日本的传感器制造企业虽然拥有一定的技术实力，但只停留在零件供应商的阶段

资料：《图解IoT/传感的机制与应用》（株式会社NTTdata等著）©BBT大学综合研究所

台、连接平台、使用应用程序的企业等（图5）。

　　日本企业在产品·仪器、电子零件·模块领域比较有竞争力。但是，最近除了欧洲和美国之外，韩国与中国的企业也相继进军这一领域。尤其中国台湾的鸿海具有非常强大的技术实力。似乎有人担心鸿海收购了夏普之后，日本的技术恐怕会遭到泄露，但实际上这些人根本什么也不懂，鸿海在很早以前就已经掌握夏普的技术情报了。

图5 IoT 相关的主要组成部分

日本企业在产品 · 仪器、电子零件 · 模块领域比较有竞争力。

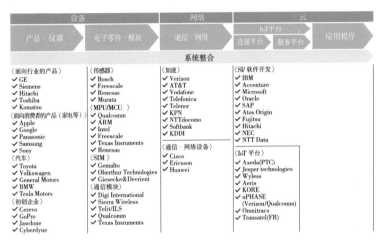

资料: 瑞惠信息总研 "瑞惠产业调查" 2015 No.3 ©BBT大学综合研究所

从M2M扩大的IoT世界

IoT如今已经渗透进行业与社会的方方面面（图6）。

以保险领域为例。一直以来，保险公司都是根据顾客的年龄、性别、驾龄、出险率等来决定顾客的保险费。也就是被动保险（Passive insurance）。

但导入IoT之后，保险公司就可以要求顾客在车辆上安装酒精监测传感器和急刹车传感器等与安全驾驶相关的传感器，然后根据这些传感器的数据来决定保险费，从而实现主动保险（Active insurance）。根据传感器传来的数据，可以简单且准确地计算出这个人出现事故的概率。这样以来，在日常驾驶中经常出现突然加速和紧急刹车的人，因为容易引发事故所以保险费就会变高，而注重安

图6

IoT如今已经渗透进行业与社会的方方面面。

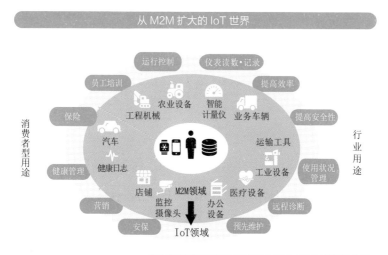

从 M2M 扩大的 IoT 世界

运行控制　　仪表读数·记录

员工培训　　　　　　　提高效率

保险　　工程机械　农业设备　智能　业务车辆　提高安全性
　　　　　　　　　　　　计量仪

消费者型用途　　汽车　　　　　　运输工具　　行业用途

健康管理　健康日志　　　　　　工业设备　使用状况管理

营销　　店铺　M2M领域　办公设备　远程诊断
　　监控摄像头

安保　　　　IoT领域　预先维护

资料:野村综合研究所《IT领航员2016年版》©BBT大学综合研究所

全驾驶的人则可以缴纳比之前更少的保险费。

信用卡领域也是如此。按照正常的业务流程，信用卡公司只需要收取1%的手续费就足够了。既然如此，为什么信用卡公司要收取4%的手续费呢？因为有一部分恶意透支并且拒不还款的客户存在。信用卡公司为了从这些人手中追讨欠款，需要发送催款通知、派遣专人追讨，甚至告上法庭。而追讨欠款的费用就要分摊到所有客户的头上，所以手续费就变成4%了。如果信用卡公司能够根据每个客户的风险情况收取手续费，那么绝大多数的客户都只需要支付不到1%的手续费即可。

在这一领域，我发明了一种浮动式结算法，对降低资金回收的风险很有效。一般情况下，如果客户的活期账户里没有足够的存款，那么信用卡账户就没办法还款。与之相对的，浮动式结算法会在月末的结算日从客户的活期账户里扣除借款，从形式上来说与信用卡相同。不过，浮动式结算法没有无法结算的风险。所谓浮动式，顾名思义就是时间比较灵活的意思，能够像信用卡那样"延后支付"。

比如客户入住酒店花费了3万日元，用浮动式信用卡支付。当前台柜员划这张卡的时候，能够看到顾客的综合账户信息。即便客户的活期账户里一分钱也没有，但只要定期账户里有100万日元，那么定期账户里的3万日元就将被"冻结"。如果客户后来又花了2万日元，那么定期账户就合计被"冻结"到5万日元。客户只要在月末之前往活期账户里存入5万日元，金融机构就可以扣款。这样以来，就完全避免了无法回收资金的风险。

在此之前，之所以无法实现浮动式结算法，是因为访问NTT data制作的全银系统的手续费非常高。但在导入金融科技中最基础的区块链技术之后，只需要普通的数据包就可以进行担保，不管是3万日元还是300万日元，手续费都只需要0.3日元，所以浮动式结算法才得以实现。

除此之外，还有许多应用IoT的领域。比如在"健康管理"领域，近年来像Fitbit那样的可穿戴设备愈发受到人们的关注。只要戴上Fitbit的智能手环，就可以将自己的健康数据记录下来，甚至还可以将每一餐吃了什么都拍摄下来，远程发给营养师，寻求对方的指导。

在"员工培训"领域，小松集团将IoT应用于推土机驾驶员的培训。如果驾驶员在前方有人的时候进行了操作，或者因为对向车辆踩了刹车，报警器就会发出声音。同时电脑还会通过自动控制使设备停止，或者改变方向盘的角度。

"仪表读数·记录"。从今往后再也不用专人挨家挨户地去查水表和煤气表的读数了。因为所有的计量器都将被更换成能够远程传输数据的遥测仪。

在"医疗"领域，远程诊断将成为可能。这原本是美军为了对在前线负伤的士兵进行及时的救治而开发的系统，如今美国最先进的医院都导入了这一系统，通过将数据传输到医疗机构，不管患者在哪里都可以进行诊断。约翰斯·霍普金斯大学甚至还研究出了可以远程进行手术的遥控手术刀。

办公设备的IoT就是"预先维护"。通过在打印机和复印机上安装传感器，可以及时地把握墨水与纸张的剩余数量以及卡纸的位置。另外，维修公司还可以直接掌握橡胶衬垫的状态等数据，一旦出现问题，维修人员就会第一时间赶到提供维修服务。

在"安保"领域，监控摄像头已经得到了普及。

在"营销"领域，许多设备都得到了开发和利用。比如通过类似于Line"摇一摇"功能的系统，当商场的老顾客进店时，相应的信息会第一时间传达到所有的楼层。

除此之外，IoT还被活用于"提高业务用车辆的使用效率"和"提高飞机等运输工具的安全性"等方面。

IoT发达国家的应用事例

接下来让我们看一看IoT在发达国家的制造业之中应用的事例。

1."工业4.0"德国（图7、图8）

德国举全国之力积极推行的工业4.0，是利用IoT，在将ERP（基础信息系统）、MES（生产执行系统）、PLC（控制系统）、现场设备等生产流程进行垂直整合的同时，又将许多公司和行业进行水平整合，实现对产品生命周期和价值链进行控制的超高级生产系统。

德国推行工业4.0的目的有两个：一个是通过提高制造业的生产效率来加大本国的出口力度；另一个是将德国的生产技术推广到全世界。之前德国因为少子高龄化导致劳动人口减少以及宣布关停核电站导致国内环境恶化，使得其占GDP25%、出口额60%的制造行业持续陷入低迷。对此充满危机感的德国政府于2011年11月提出了一个加强本国制造业竞争力的构想，也就是工业4.0。

图7 发达国家的应用事例

将IoT应用于制造业的代表性事例就是德国的"工业4.0"和美国GE的"工业互联网"。

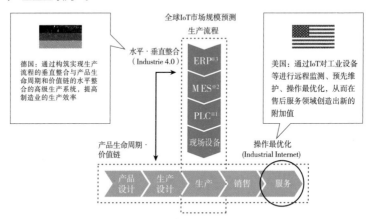

※1 PLC: Programmable Logic Controller (控制系统)
※2 MES: Manufacturing Execution System (生产执行系统)
※3 ERP: Enterprise Resource Planning (基础信息系统)

资料: 根据瑞穗银行"瑞穗产业调查" 2015 No.3制作©BBT大学综合研究所

图8 "工业4.0"

目的在于利用IoT来提高制造业的生产效率、加大本国的出口力度,以及将德国的生产技术推广到全世界。

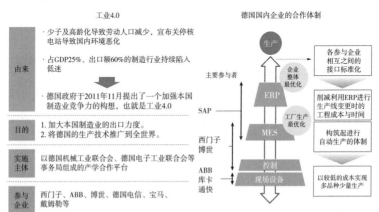

资料: 基于经济产业省《IoT带来的制造革命》日本经济新闻社《日本经济新闻》
2015/9/6等制作©BBT大学综合研究所

该项目的实施主体是以德国机械工业联合会、德国电子工业联合会等事务局组成的产学合作平台。具体的参与企业包括西门子、ABB、博世、德国电信、宝马、戴姆勒等。罗兰贝格管理咨询公司向上述企业派遣管理顾问进行指导。在建立起这样的合作体制之后，不但可以使各个参与企业相互之间的接口标准化，还可以利用ERP削减进行生产线变更时的工程成本与时间，利用MES构筑起进行自动生产的体制。最终的结果就是能够以较低的成本实现多品种的少量生产。

一旦成功地构筑起这种标准形态，那么在将其推广到全世界的工厂时要想提供技术支持也变得非常简单。另外，如果通过IoT能够实现远程监测的话，那么像修理与维护之类的售后服务也可以在德国本国进行应对，对于将这一体系在全世界范围内展开非常有利。

作为工业4.0的一环，西门子已经开始推行智能工厂（图9）。所谓智能工厂，就是在生产设备和零件上加装传感器，利用网络将所有数据连接起来的工厂。智能工厂能够自动运转，从而实现包括大规模定制（Mass Customization）在内的各种生产方法。另外，要想实现智能工厂必须具备相应的软件技术，西门子通过收购德国、美国、法国、巴西、比利时、加拿大、英国等国家的软件企业，获取了必不可少的软件技术。

图 9
德国西门子通过大量收购软件企业获取了推行智能工厂必不可少的软件技术。

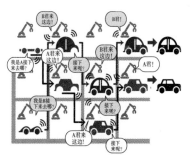

※一直以来工厂都是按照固定的工序流程进行生产，现在可以根据生产的模块来自由地进行替换和生产

什么是智能工厂？

·在生产设备和零件上加装传感器，利用网络将所有数据连接起来的工厂
·智能工厂能够自动运转，从而实现包括大规模定制（Mass Customization）在内的各种生产方法

年	企业名	国家	种类
2001 年	ORSI	德国	制造软件
07 年	UGS	美国	制造工程（PLM）
08 年	innotec	德国	计划综合管理
09 年	ELAN	法国	生命科学软件
11 年	VISTAGY	美国	素材软件
	ACTIVE	巴西	药品·生物制造
12 年	IBS	德国	品质生产管理
	Perfect Costing	德国	生产成本管理
	LMS	比利时	模拟软件
	Kineo	法国	计算机软件
	RuggedCom	加拿大	网络
13 年	TESIS	德国	PLM整合软件
	Preactor	英国	生产计划软件

☐ 真实系软件企业（生产技术·制造相关）
☐ 虚拟系软件企业（生产计划·产品设计相关）

资料：根据钻石社《周刊钻石》2015/10/3、经济产业省"IoT对生产的变革"制作 ©BBT大学综合研究所

2.工业互联网——美国GE

　　GE原本是由著名的发明家托马斯·爱迪生创立的制造企业。但近年来该企业的金融部门越来越庞大，金融成为其收益的支柱。雷曼危机爆发时，GE金融集团遭受了巨大的损失，这导致整个GE都陷入了濒临破产的境地。于是GE宣布要回归原点，提出了增加制造部门比重的战略（图10）。另外，GE还计划从依靠产品销售与售后维护

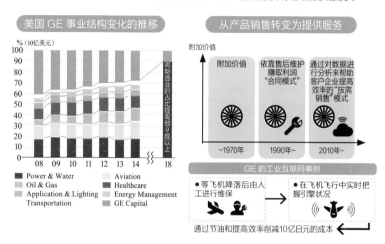

图 10　发达国家的应用事例（美国／工业互联网）

美国GE通过工业互联网将自身的商业模式从产品销售转变为提供服务。

资料：基于GE、钻石社《周刊钻石》2015/10/3 等制作 ©BBT大学综合研究所

赚取利润的"合同模式"，转变为通过工业互联网对数据进行分析来帮助客户企业提高效率的"按需销售"模式（图11）。

　　比如，到目前为止飞机引擎的维护和保养都需要等飞机降落之后由人工进行，但今后通过IoT，即便在飞机飞行中维保人员也能够实时把握引擎的状态，一旦发现问题能够在飞机降落后第一时间进行维修。也就是说，生产企业不只销售飞机引擎，更在销售后对引擎进行二十四小时不间断的监测。预计对飞机引擎的远程维保将来

图 11 发达国家的应用事例（美国 / 工业互联网）
GE从提供引擎销售与维保服务的商业模式，转变为通过对运转数据进行解析，对飞机运行提供全方位支援服务的商业模式。

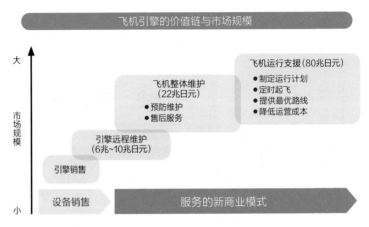

资料: 根据《2030年的IoT》(野村综合研究所·桑津浩太郎著)制作 ©BBT大学综合研究所

会有6兆~10兆日元的市场。如果能够将远程维保扩展到整个飞机的所有设备和零部件，那么这一市场的规模将达到22兆日元。如果更进一步将服务范围扩大到制定运行计划、提供最优路线、降低运营成本等领域，那么这一市场的规模将达到80兆日元。

让我通过具体的事例来进行说明。全日空拥有257架飞机（截至2016年3月31日），那么在由全世界的机场组成的网络之中，要如何对这些飞机进行安排才能够实现收益的最大化呢？GE帮助全日空解决了这个问题。一直以来，最有效率的飞行安排是一天飞行18个小时。经过9个小时的飞行时间后降落进行3小时的维护保养，然后再用9个小时返航降落进行3小时的维护保养，加起来正好24小时。符合这一飞行安排的代表性路线就是东京到澳大利亚或者东京到美国西海岸。

我曾经为某个亚洲的航空公司设计过这种飞行安排。当时我用线性规划的方法来寻找最优路线，但因为亚洲以近距离路线居多，想组合出符合18小时的飞行路线十分困难。

但GE从引擎的角度来解决这个问题，就能够设计出符合引擎使用情况的最优飞行安排。如果GE对航空公司提出的合理化建议成功降低了航空公司的运营成本，就可以通过维保赚取利润。也就是说，除了销售硬件（引擎）赚取利润之外，还靠销售软件（售后服务）赚取利润。GE追求的就是这样的商业模式。不过，在被GE当做事业重心的电力、水力、石油与天然气等领域，工业互联网的成功事例还非常罕见。这也是GE今后必须面对的课题。

3.KOMTRAX与KomConnect——小松（图12）

小松集团推出了一项利用位置信息对工程机械进行管理的服务"KOMTRAX"。这项服务的主要内容是通过在工程机械上安装GPS，对

图12 IoT 的事例（建筑）

小松在"KOMTRAX"的基础上，还增加了为建筑与土木现场的施工作业提供支援的智能工程事业（KomConnect）。

车辆管理系统"KOMTRAX"的体制

- 在车辆系统中加入GPS与通信系统，收集车辆的运转信息与位置信息

- 利用KOMTRAX进行车辆管理
  维护管理、车辆管理、运行管理、车辆位置确认等，对用户的车辆管理业务提供支援

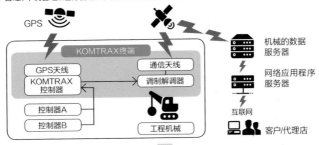

智能工程"KomConnect"的体制

- 利用无人机对现场进行3D扫描，制作出现场的3D图
- 将最终的完成图3D模型化
- 通过模拟制定施工计划
- 对土质与地下埋设物等的风险进行调查和分析
- 搭载ICT的工程机械使施工进程可视化
- 施活用施工后的数据

智能工程
"KomConnect"的体制

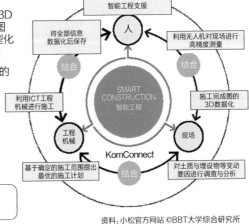

资料：小松官方网站 ©BBT大学综合研究所

零件的损耗情况、机油的老化状态等设备信息以及车辆的位置信息等数据进行监测，及时地将维保信息发送给代理店或顾客的手机。除此之外，还可以通过位置信息来找出被盗的工程机械，或者通过远程操作将没有按时支付贷款的工程机械的引擎锁定。小松之所以能够在中国市场与行业排行第一的卡特彼勒公司一争高下，全凭"KOMTRAX"。

小松集团还利用无人机对现场进行3D扫描，制作出现场的3D图，将最终的完成图3D模型化，通过模拟制定施工计划，对土质与地下埋设物等的风险进行调查和分析，通过搭载ICT的工程机械使施工进程可视化，利用施工后的数据对建筑与土木现场的施工作业提供支援。小松将这项业务命名为"KomConnect"。通过将与上述一系列流程相关的所有信息都输入到处理系统之中，将建筑现场的一切都通过ICT连接起来，能够大幅提高生产效率。此外，这其中还包括在危险区域进行安全施工的无人工程机械计划。

4.KSAS——久保田（图13）

农业机械生产企业久保田开发出了一个名为"KSAS（Kubota Smart Agri System）"的管理系统。该系统通过在农业机械上搭载传感器和通信设备，利用无线局域网和手机网络将数据收集到云端，然

图 13 IoT 的事例（农业机械）

农业机械生产企业久保田开发出了一个名为"KSAS"的管理系统，通过在农业机械上搭载传感器和通信设备对作业记录进行管理，对农业生产提供支援。

"KSAS"示意图

- 在农业机械上搭载传感器和通信设备,利用无线局域网和手机网络将数据收集到云端
- 对施肥量和农作物的收获量等作业记录进行管理管理
- 对农户的农业机械的运转状况、收获量以及美味成分的比率进行分析,并应用与生产经营之中
- 每个月的使用费: 基本服务3500日元、高级服务7900日元

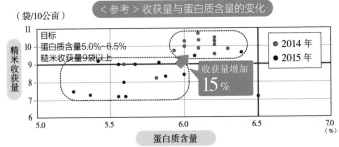

〈参考〉收获量与蛋白质含量的变化

- "美味大米"的参考基准为,蛋白质含量5.0%~6.5%,每10公亩收获量9袋以上
- 土壤中氮素含量越多大米的收获量越高,但如果大米中的蛋白质含量太高就会变得又硬又黏,严重影响口感
- 根据栽种时和收获时的数据对大米的成分进行分析,对施肥量进行最优化改善,利用PDCA循环实现目标值

资料: 根据久保田、经济产业省"2015年版生产白皮书"、日经BP社《日经Computer》2016/1/21等制作 ©BBT大学综合研究所

后对作业记录进行管理。有了这个系统，就可以通过传感器来把握必要的信息，对撒农药和浇水的时间以及除草的时期进行控制。

另外，有研究表明大米中蛋白质含量为5%~6.5%的时候味道最佳，而且收获量也比普通状态下多15%。如果利用KSAS的传感器监测土壤的状态，自动施加适量的肥料，就可以培育出蛋白质含量最理想的"美味大米"。

现在日本的农业人口平均年龄已经超过70岁，今后如果像KSAS这样的系统能够得到普及，再加上利用IoT实现种植和收割的无人化，那么将来全世界第一美味的大米或许也将会是全世界最便宜的大米。

5.Weather News（图14）

Weather News将通过信标传感器和会员的智能手机收集到的信息，与公共机构的观测信息组合到一起构筑起大数据。然后对大数据进行分析，向用户提供比传统的天气预报范围更小且内容更加详细的气象信息。

6.轮胎维护服务（Tire as a Service）——法国米其林（图15）

法国的米其林集团面向运输公司提供了一项基于实际行驶距离

图14　IoT 事例（气象）

Weather News将通过信标传感器和会员的智能手机收集到的信息组合到一起，向用户提供范围更小且内容更加详细的气象信息。

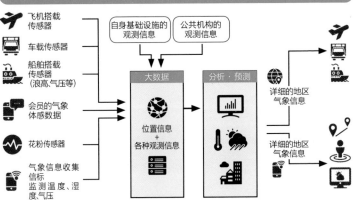

资料：根本日经Business、日经Technology online、Weather News社官方网站等各种记事制作
©BBT大学综合研究所总合研究所

图15　IoT 事例（轮胎）

法国米其林集团面向运输公司提供基于实际行驶距离收取轮胎租赁费用的"轮胎维护服务（Tire as a Service）"。

资料：根据米其林、BBT"IoT与人工智能的世界"工藤卓哉制作 ©BBT大学综合研究所

收取轮胎租赁费用的"轮胎维护服务（Tire as a Service）"。米其林通过在汽车的引擎和轮胎上加装传感器，收集油耗、轮胎气压、气温、车速、定位等数据。然后通过3G线路将这些数据上传到云端，再由米其林的专家对数据进行分析，最后向运输公司提出"轮胎需要更换""轮胎气压太高"之类的建议。

通过对轮胎的使用状况进行实时的监测，不但可以使轮胎时刻保持最佳状态，还能够使运输公司实现运营成本最低化。米其林集团不只将轮胎作为硬件销售，更提供后期维保的软件服务并以此来赚取利润，这属于一种崭新的商业模式。轮胎销售的市场规模大约为6兆~7兆日元。与之相对的，轮胎维保的市场规模大约有50兆日元。

7.特斯拉汽车的维保服务（图16）

一直以来，汽车生产商在进行召回时都是先从客户处回收实物，进行修理之后再返还给顾客，这个过程需要汽车生产商承担巨大的成本损失。特斯拉汽车的埃隆·马斯克为了削减这部分的成本，将所有的特斯拉汽车都设计为能够远程对汽车软件进行更新。这样一来，就可以实现快速且低成本的维保。

以前，特斯拉的电动汽车出现过在高速行驶过程中车载电池着

图16 IoT 的事例（电动汽车）

特斯拉在汽车出现问题时可以通过远程软件更新来对设定进行调整，从而实现快速且低成本的维保。

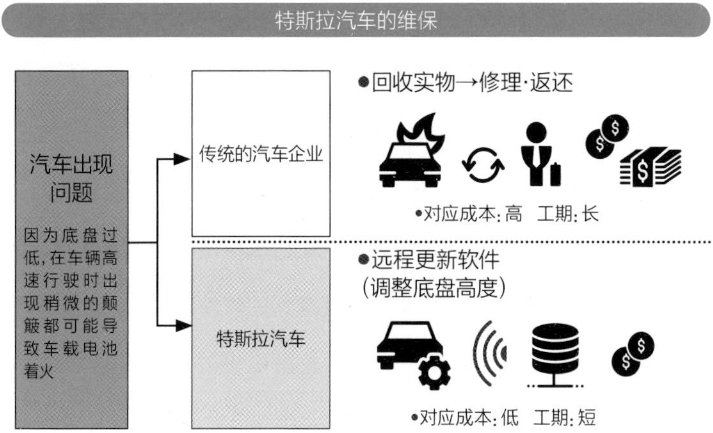

特斯拉汽车的维保

汽车出现问题

因为底盘过低，在车辆高速行驶时出现稍微的颠簸都可能导致车载电池着火

传统的汽车企业

特斯拉汽车

●回收实物→修理·返还

●对应成本：高 工期：长

●远程更新软件
（调整底盘高度）

●对应成本：低 工期：短

资料：根据特斯拉汽车、BBT"IoT与人工智能的世界"工藤卓哉制作 ©BBT大学综合研究所

火的事故。经过检查发现造成事故的原因是车辆的程序设定为在高速行驶时自动降低底盘，导致路面上的石子击中车载电池引发着火。于是特斯拉汽车让经销商给车载电池加装了保护罩，又提供了在高速行驶时不会降低底盘的程序供该款车型的车主下载安装。通过这种方式，不但防止了同类事故的再次发生，还大幅降低了对应的成本。

　　如今，美国绝大多数自带程序的电子产品都可以通过远程控制来进行维修。据说思科的路由器有95%都可以通过远程维修来恢复正常功能，而不需要专人上门维保。特斯拉将这一做法应用到了汽车上也取得了成功。

8.在汽车上搭载M2M设备——美国前进保险公司（图17）

美国前进保险公司（Progressive Insurance）是一家以汽车保险为主的保险公司。这家公司推出了在客户汽车上安装M2M通信设备，让保险公司能够监测客户的驾驶状况，使客户享受保险费折扣优

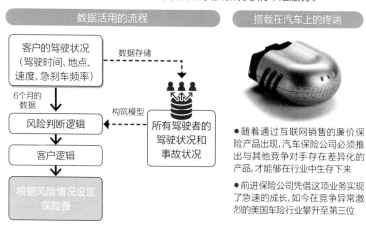

图17 IoT事例（汽车保险）

美国前进保险公司推出了在客户汽车上安装M2M通信设备，让保险公司能够监测客户的驾驶状况，使客户享受保险费折扣优惠的车险服务。

数据活用的流程

搭载在汽车上的终端

客户的驾驶状况
（驾驶时间、地点、速度、急刹车频率）

数据存储

6个月的数据

风险判断逻辑

构筑模型

所有驾驶者的驾驶状况和事故状况

客户逻辑

根据风险情况设定保险费

● 随着通过互联网销售的廉价保险产品出现，汽车保险公司必须推出与其他竞争对手存在差异化的产品，才能够在行业中生存下来

● 前进保险公司凭借这项业务实现了急速的成长，如今在竞争异常激烈的美国车险行业攀升至第三位

资料：总务省"平成25年版 信息通信白皮书" ©BBT大学综合研究所

惠的车险服务。保险公司会用6个月的时间收集客户的驾驶时间、地点、速度、急刹车频率等数据，然后将这些数据与根据所有驾驶者的驾驶状况和事故状况构筑起来的大数据模型进行比对，计算出客户发生事故的风险，最后根据风险情况决定客户需要缴纳多少保险费。这样以来，存在危险驾驶风险的客户需要缴纳的保险费就会变高，而那些注重安全驾驶的客户则只需缴纳少量的保险费。这项保险服务一经推出就立刻得到了客户们的欢迎，前进保险公司也凭借这项业务实现了急速的成长，如今在竞争异常激烈的美国车险行业攀升至第三位。

9.通过收集工业机器人的运转数据来预先判断故障情况——发那科（图18）

在机器人行业处于领先地位的发那科（FANUC），通过收集工业机器人的运转数据来预先发现可能出现的故障，从而大幅降低设备出现意外停止的情况，帮助工厂提高设备运转率。对于汽车生产工厂来说，生产线每停止1分钟都会造成大约200万日元的损失。如果生产线停止的原因是由机器人的齿轮破损导致的，那么更换与维修就要花费1个小时左右的时间，那造成的损失额将高达1.2亿日元。发那科为了防止出现这种损失，在每个机器人上都搭载了传感器。机

図 18　IoT 事例（发那科）

发那科通过收集工业机器人的运转数据大幅降低设备出现意外停止情况，帮助工厂提高设备运转率。

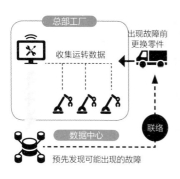

发那科提高设备运转率的体制

总部工厂

收集运转数据

出现故障前更换零件

联络

数据中心

预先发现可能出现的故障

● 发那科的数据与美国思科网络和大数据分析技术相结合

● 每个机器人上都搭载了传感器，机器人的温度和震动等数据都会通过网络发送到数据中心

● 数据中心对机器人的运转数据进行分析后就能够计算出哪些零件在什么时间需要修理或更换

● 安排零件的配送手续都是自动进行的

● 积累的数据越多，故障预测的准确度越高

● 对于汽车生产工厂来说，生产线每停止1分钟都会造成大约200万日元的损失。如果齿轮破损进行更换与维修需要花费1个小时左右的时间，损失额高达1.2亿日元

资料: 日本经济新闻社《日本经济新闻》2016/1/22 ©BBT大学综合研究所

器人的温度和震动等数据都会通过网络发送到数据中心，数据中心对机器人的运转数据进行分析后，就能够计算出哪些零件在什么时间需要修理或更换，并且进行安排零件的配送手续。

10.cyzen（原GPS Punch！）——Red fox（图19）

cyzen是Red fox提供的一款利用智能手机的GPS功能对销售、维护、建设等所有的现场业务活动提供支援的云服务。

图19　IoT事例（办公业务）

cyzen是利用智能手机的GPS功能，对销售、维护、建设等所有的现场业务活动提供支持的云服务。

什么是"cyzen"

- 通过活用位置信息提高员工团队业务效率的应用程序
- 可以确认所有员工的所在位置和移动路线
- 在加入出勤管理、行为管理以及成本削减等传统的企业管理功能之后，可以为各行各业提供整体的解决方案

不同业务的解决方案事例

企业销售
在地图上显示客户与预订信息，实时制作电子报告书，提高销售活动的效率

维护与保养
可以自由更改检查报告，检查员可以在报告上附加位置信息，以及检查前与检查后的图片

把握出勤与行动
记录出差员工的行动(出勤、访问、休息等)，与位置信息一同留下证据

把握市场动向
利用报告书从现场负责人处收集市场对产品的反应

〈例〉整体解决方案的未来预测（BBT综研预测）

利用SNS与位置信息对销售活动提供支援
行业动向
竞争对手
动向
与SNS等联动，通过各种数据把握顾客关心的内容以及当地信息

利用传感器与位置信息，为维护与保养业务提供支援
必要最低限度的维保人
自动检测故障

利用传感器与位置信息，把握市场动向和自动订货
把握畅销商品
提高配送线路效率
必要最低限度的销售负责人
监测店铺的库存情况·自动订货

资料: Red fox株式会社 ©BBT大学综合研究所

　　一直以来，企业只能通过销售人员提交的销售报告来把握销售人员的业务状况。但是，这种方法无法准确地把握实际情况，因为业务人员就算只去跟客户打了声招呼就回来了，也一样能写出一份非常详尽的销售报告。cyzen完美地解决了这一问题。通过cyzen，公司能够把握销售人员在客户处滞留的时间，还可以通过Web上的画面对现场的销售人员实时地做出指示。另外，销售人员在访问客户之

后可以第一时间将商谈的结果整理成报告发送回公司，这样就不用每次拜访过客户之后都回公司进行报告，从而提高销售效率。

还有一家叫作Salesforce.com的公司提供了一项可以通过智能手机第一时间获取客户企业最新信息的服务。对于谈话陷入僵局不知道接下来应该说些什么的销售人员来说，这绝对是一大福音。

cyzen的出勤管理、行为管理、成本削减等管理功能同样也可以应用于工厂的管理之中。今后cyzen的应用范围或许还会更进一步地扩大吧。

11.智能家居（图20）

未来非常值得期待的一项进步，就是利用IoT实现的智能家居。虽然全世界有许多企业都已经参与到这一领域的竞争之中来，但取得有价值成果的企业可以说一家也没有。亚玛达电器（YAMADA DENKI）于2011年收购了住宅制造公司SXL，意图扩张自身的智能家居事业，但到目前为止也没取得预期的效果。日本在这一领域进展速度最快的当属松下，但仅凭远程操作和可视化难以从顾客手中赚取利润。

更进一步说，智能家居的重心究竟应该放在哪里呢？能源管理，安保，还是护理？不同的使用目的对智能家居的功能要求也截

图20 IoT 事例（智能家居）

全世界有许多企业都已经参与到智能家居的市场竞争之中，但取得有价值成果的企业一家也没有。

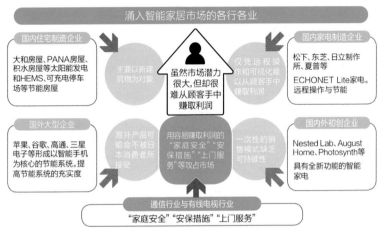

资料：日经BP社《日经Communications》2016/1 ©BBT大学综合研究所

然不同。

　　智能家居的市场规模预计有200兆日元。其中规模最大的能源管理领域或许会成为突破口，今后得到更大的发展吧。

12.无人机——西科姆（SECOM）等（图21）

　　西科姆的"西科姆无人机"是全世界第一款民用安保自动飞行监视机器人。现在西科姆从接到报警信息到派遣警卫人员抵达现场至少

图 21 IoT 的事例（安保）

西科姆推出了全世界第一款民用安保自动飞行监视机器人"西科姆无人机"。

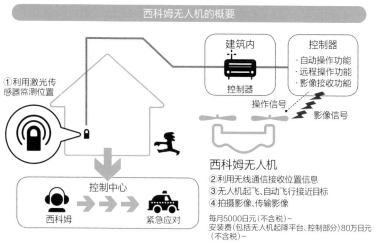

西科姆无人机的概要

①利用激光传感器监测位置

建筑内
控制器

控制器
·自动操作功能
·远程操作功能
·影像接收功能

操作信号　影像信号

控制中心

西科姆　紧急应对

西科姆无人机
②利用无线通信接收位置信息
③无人机起飞、自动飞行接近目标
④拍摄影像、传输影像

每月5000日元（不含税）~
安装费（包括无人机起降平台、控制部分）80万日元（不含税）~

资料: 西科姆 ©BBT大学综合研究所

需要15分钟的时间，坦白说这个时间有点太长了。而红外线传感器不管任何物体通过都会发出报警信号（就算是猫、狗、鸟等小动物也不例外），所以很多客户都嫌吵而关掉了。这样以来，好不容易建立起来的安保系统在遇到真正的紧急情况时反而派不上用场。也就是说，一直以来西科姆的安保服务存在许多的漏洞。从这个意义上讲，西科姆转变为依靠无人机来进行监视的安保服务也是理所当然的。

在全球无人机市场占据70%份额的中国大疆（DJI）还与德国汉莎

航空合作，将无人机应用于飞机的维保上。比如在高空对机身上有无破裂以及机翼前端的冻结情况进行调查，无人机是最佳的选择。像这种无人机活跃于安保领域之外的情况，今后或许会越来越常见吧。

13.可以随时进行监控的安保摄像头（图22）

Safie推出了一项可以利用PC和智能手机随时进行监控的安保摄像头，这款摄像头可以安装在户内和户外的任何位置，并且能够高清保存7天内的影像信息。客户使用这项服务需要每个月缴纳980日元的费用，还需要另外购买Safie的专用摄像头（19800日元）。这项服务包括移动物体感应和自动报警功能，还可以与家庭成员或朋友共享画面。另外通信线路也经过加密处理，可以保证最高的安全级别。

从功能上来说，这项服务甚至可以代替现有的安保公司。不过由于可疑分子是否具有犯罪前科的相关信息只有警察知道，Safie想仅凭自己的能力来积累信息非常困难。不过Safie拥有功能非常强大的云平台，未来拥有很大的发展潜力。

14.Dash按钮——亚马逊（图23）

亚马逊向Prime会员免费提供了一个名为Dash按钮的IoT设备。会

图 22　IoT 的事例（安保）

Safie推出了一项可以利用PC和智能手机随时进行监控的安保摄像头，这项服务甚至可以代替现有的安保公司。

Safie 的云平台

safie

服务费
7日录像功能每月980日元
（不含税）

- 以设置在户内与户外的任何位置
- 可以通过Wi-Fi连接网络
- 19800日元

Safie摄像头　Safie应用程序
（概念）　　　（概念）

- 7日内高清影像自动保存
- 移动物体感应、自动报警
- 可以与家庭成员或朋友共享画面

- 利用智能手机等终端远程监控
- 通信线路经过加密处理，保证最高的安全级别

可以代替现有的安保公司

资料: Safie株式会社、BBT《互联网初创企业最前线~特别篇06》©BBT大学综合研究所所

图 23　IoT 的事例（电子商务）

亚马逊通过向用户提供IoT设备，使用户可以更简单地进行网络购物，从而达到扩大电商平台销量的目的。

亚马逊Dash按钮

- 只需要按一个按钮就可以通过家庭的Wi-Fi向亚马逊下订单
- 免费赠送给亚马逊Prime会员

事例 "佳得乐"饮料、"高露洁"牙膏、"吉列"刀片

亚马逊自动下单服务

- 自动订购与互联网相连的家电的耗材

事例 "兄弟"打印机……打印机的墨水快用光时自动下订单
"碧然德"净水器……对通过滤芯的水量进行检测，超过一定量后自动下单

亚马逊 Echo　语音助手·语音识别音箱

- 在房间的任意位置通过语音下达命令都能够得到回应
- 播放音乐、查询天气
  还可以实现查询交通信息、设定时间表与提醒、网络检索、照明等操作
- 可以网约车
- 199美元/台

资料: 美国Amazon.com及各种新闻报道 ©BBT大学综合研究所

员无需打开电脑和智能手机的应用程序，只要按下这个按钮就可以通过Wi-Fi自动将商品放入亚马逊的购物车。

亚马逊还推出了亚马逊自动下单（Amazon Dash Replenishment Service）。如果家庭中使用的是能够对应这项服务的打印机和净水器等家电，那么传感器就会自动检测墨水和滤芯等耗材的使用状态，在有需要的情况下自动在亚马逊上订购耗材。

上述两项服务都是以扩大电商平台销量为目的，但都可以通过用PC或智能手机直接下单来取代，因此普及的可能性并不高。

除此之外，亚马逊还推出了一款名为亚马逊Echo的能够识别声音的音箱。用户除了可以直接语音下单购物之外，还可以实现播放音乐、查询天气和交通信息、设定时间表与提醒、网络检索、照明等操作，甚至还可以网约车。

这项服务乍看起来非常便利，但我预计其只会引起暂时性的关注，终将销声匿迹。我之所以敢做出这样的预言，是因为我之前经营过一家名为Everyd.com的公司，在声音识别系统上投入了6亿日元。

用户只要对电脑说出"买东西"的指令，电脑屏幕上就会立刻显示出购物的页面，接下来只要继续说"购买××"，该商品就会直接放进购物车。这是全世界第一款可以语音购物的系统，最开始用户们都很喜欢使用，甚至给出了"比老公更听话"的评价。但几乎所有的用户在使用过一两个月之后就再也不用了。调查结果显示，用户之所以不再使用该系统并不是因为其不好用，而是因为"一个人自言自语很奇怪""总是对着电脑说话会产生一种很惨的感觉"等生理上的原因。说白了就是不符合人类的生理习惯。

另外，由于大阪和东京的发音有区别，所以在说"鲑鱼"的时候有可能画面上显示出来的是"酒"。而想要买"海苔"的时候画面上则可能出现"浆糊"。为了解决这一问题，我们采取的是同时显示"鲑鱼"和"酒"以及"海苔"和"浆糊"，让用户自己选择，但结果并没有被用户接受。

除此之外语音识别系统还有无法识别连读、在电车中无法使用等各种各样的问题。所以很多用户宁愿选择利用电脑键盘或者智能手机的屏幕来直接输入也不愿意用语音识别功能。这是根据我的经验导出的结论。亚马逊Echo或许会引起人们的关注，但应该不会成为电子商务的主要设备。

15.JR东日本的尝试（图24）

JR东日本最初是为了提高列车运行效率而导入IoT，现在又尝试

图 24   IoT 的事例（铁路）

JR东日本最初是为了提高列车运行效率而导入IoT，现在又尝试着将这一技术应用于其他方面。

JR 东日本对 IoT 的尝试	
大数据	**乘客服务**
●除了JR东日本自身保存的大量数据之外还灵活利用外界数据（天气信息、其他交通机构的信息以及SNS信息等） ●预测自然灾害、制定自然灾害发生时的绕行路线，引导乘客前往车站附近的休息设施等	●提供列车的延迟信息与位置信息 ●提供车内信息 　（拥挤情况、车内温度等） ●车站内提供Wi-Fi热点
维保的革新	**公开数据**
●通过车辆上搭载的监控装置取得的数据，时刻保证列车处于安全状态 ●在列车需要进行维保时能够及时进行维保	●实时公开列车的位置信息 ●能够与观光、体育赛事、气象信息、其他交通机关和地区的信息等组合使用

资料：根据JR东日本、HEMS道场、businessnetwork.jp等制作 ©BBT大学综合研究所

着将这一技术应用于其他方面。

　　比如电力方面。JR东日本拥有自己的发电厂，可以为其提供相当于总耗电量三分之一的电力，除此之外JR东日本还和东京电力签订了一份合同使其能够以非常低廉的价格购买电力，如果这部分电力仍然不够用的话，那么JR东日本就必须花高价购买合同份额之外的电力。因此，JR东日本根据大数据与列车的运行状况，计算出不同时间的电力使用情况，通过制定最优化的列车运行组合，实现了

成本的大幅削减。

过去，每当列车线路上出现事故时，都需要工作人员向等候在车站的乘客进行说明，并引导乘客换乘其他线路的列车，但今后类似这样的换乘信息将直接发送到乘客的智能手机上。另外，今后还可以通过在座位下方安装传感器，来使车上的拥挤情况可视化，这样在车站等候的乘客可以非常直观地看到下一趟车上的人员情况，从而能够做出合理的选择。

16.鹰巴士公司——埼玉县川越市（图25）

鹰巴士公司运营着埼玉县川越市的一条观光巴士路线"小江户巡回线"。

最初，鹰巴士公司并没有考虑到观光游客的实际情况，按照相同的间隔设置每趟车的发车时间，因此乘客的变动率极高。后来鹰巴士公司通过在车上安装红外线传感器和GPS，把握了每个车站上下车的乘客数量以及车辆运行时间的延迟等信息。根据这些信息，鹰巴士公司采取了在乘客数量较多的时间让车辆只在乘客较多的区间往返的措施，不但给乘客带来了便利，更成功地降低了运营成本。这种方法还被位于美国宾夕法尼亚州的威廉斯堡殖民地保护区等景

图 25　IoT 的事例（交通机构）

鹰巴士公司通过在车上安装红外线传感器和GPS，把握了每个车站上下车的乘客数量以及车辆运行时间的延迟等信息，从而实现了顾客需求与车辆运行之间的最佳搭配。

鹰巴士公司的运营优化系统

● 观光巴士路线"小江户巡回线"最初没有考虑到观光游客的实际情况，按照相同的间隔设置每趟车的发车时间，因此乘客的变动率极高

● 后来鹰巴士公司通过在车上安装红外线传感器和GPS，把握了每个车站上下车的乘客数量以及车辆运行时间的延迟等信息

● 根据观光游客的实际情况，从单纯的往返运行更改为在乘客数量较多的时间让车辆只在乘客较多的区间往返的措施，从而在不用增加运营车辆的同时满足运输需求

● 在游客较多的春季和秋季运行4辆车，游客较少的夏季和冬季则只运行3辆车，在不损害乘客利益的前提下减少运行车辆的数量，削减成本

资料：事业构想大学院大学"事业构想" 2015年2月号 ©BBT大学综合研究所

点所采用，今后或许会普及到全世界所有的观光地吧。

17. 移动统计空间——DoCoMo InsightMarketing（图26）

　　DoCoMo InsightMarketing的人口动向分析服务"移动统计空间"，可以提供200万名访日外国人的位置数据。通过这项服务，可以把握滞留在日本各地的外国人的国籍比率。比如在中国人较多的地区可以增加懂汉语的店员，当俄罗斯人达到一定数量后就

图26　IoT 的事例（观光·旅行）

DoCoMo InsightMarketing对200万名访日外国人的位置信息进行分析，把握滞留在日本各地的外国人的国籍比。

分析访日外国人的位置信息

- 通过于2013年10月开始的人口动向分析服务"移动统计空间"提供访日外国人的数据
- 只要访日外国人打开手机的电源，就会自动通过手机网络获取登录信息
- 通过这项信息把握访日外国人位于哪个地区
- 通过手机网络可以得知手机终端的移动服务运营商，从而把握外国人来自于哪个国家
- 每隔一小时以不同的颜色显示滞留在日本各地的外国人的分布情况

<参考>访日外国人数量推测显示图

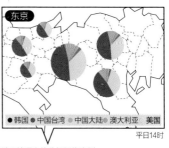

东京

●韩国 ●中国台湾 ●中国大陆 ●澳大利亚 ●美国

平日14时

访日外国人的分析报告事例
可以把握滞留在日本各地的外国人比率

●韩国 ●中国台湾 ●中国大陆 ●澳大利亚 ●美国

资料: 日经BP《日经Big Data》2014/12/26 ©BBT大学综合研究所

应该准备俄语翻译等。虽然对访日外国人来说这是一项非常便利的服务，但因为会同时泄露自己的国籍与行动路线，涉及侵犯个人隐私的问题，所以这项服务是否真的会被访日外国人所接受还要打个问号。

我曾经向政府提议，给每一位访日的外国游客都免费租借一部智能手机，提供观光导游信息。这样自然而然地就可以把握游客的国籍和数量。现在这项服务已经在冲绳地区实施。

18.魔法手环——迪士尼乐园度假区（图27）

位于美国佛罗里达州的迪士尼乐园度假区，要求每位游客在进园时都佩戴一个植入了RFID（Radio Frequency Identification）芯片的"魔法手环"。迪士尼乐园方面可以通过这个手环掌握进园的游客选择了怎样的观光路线，游玩了哪些娱乐设施，在哪家餐厅吃了什么食物等数据，通过对这些数据进行分析可以帮助其更好地进行运营。比如防止特定的娱乐设施在短时间内涌入大量的游客，让游客可以更好地体验园区里的娱乐设施。

19.社会基础设施（图28）

在"设施""能源""运输与物流"等诸多领域之中，面向社会基础设施的IoT也得到了巨大的发展。在"设施"领域，富士通与METAWATER将IoT应用于故障预测，日本微软和竹中建筑公司则将IoT应用于设备管理。在"能源"领域，SAP将IoT应用于设备管理、美国国家仪器（National Instruments）将IoT应用于制造工程。在"运输与物流"领域，日本IBM与日本通运将IoT应用于物流管理，微软和伦敦地铁则将IoT应用于故障预测。在导入IoT之后，这些领域的社会基础设施的安全性和效率都得到了相应的提升。

图 27　IoT 的事例（观光·旅行）

美国佛罗里达州的迪士尼乐园通过一个植入了RFID芯片的"魔法手环"掌握游客的行动，帮助其更好地进行运营。

魔法手环

- 魔法手环中植入了RFID芯片，迪士尼乐园方面可以把握佩戴魔术手环的游客在园区内的一举一动
- 比如"与高飞握了手，但白雪公主却连看也没看一眼"
- 通过对游客数据进行收集与分析，可以帮助园区更好地进行运营

可以作为房卡、门票、快捷票、信用卡
等使用

资料: 根据迪士尼等制作 ©BBT大学综合研究所

图 28　IoT 的事例（能源、交通、物流）

面向社会基础设施的IoT得到了巨大的发展，对通过传感器等获取的数据进行分析，提高社会基础设施的安全性和效率。

面向社会基础设施的 IoT 的事例

领域	应用业务	企业名	概要
建筑	故障预测	富士通、METAWATER	根据设备检查时的输入数据、设备传感器收集到的数据、媒体信息与天气数据等大量的数据进行综合分析，预测可能出现故障的部分
	设备管理	日本微软、竹中建筑公司	●通过构筑云控制和监测系统，减轻建筑物的管理负担，提高居住者的舒适度，使能耗与运营管理成本最优化 ●更进一步应用于未来建筑物的功能，解决技能继承与人才不足等社会问题
能源	设备管理	SAP	●通过远程站点与数据中心对发电设备的实际数据进行实时的分析，对发电量进行模拟 ●预先发现设备可能出现的故障，及时地进行处理，减少电力损失，降低维修成本
	制造工程	美国国家仪器	提供能够每隔一定时间对温度、电压、电流、压力、加速度等进行测量的设备与软件
运输与物流	物流管理	日本IBM、日本通运	通过智能手机将在全国范围内行驶的1万台货车的位置信息和作业进程等运营信息和货物状况可视化。在实现现场业务标准化与最优化的同时，降低二氧化碳的排放量
	故障预测	微软、伦敦地铁	●利用微软提供的云服务，以运行车辆和车站内的传感器数据为基础，实时把握线路状况与车站内的设备状况 ●通过与机器学习系统联动，推测出与过去发生过的设备故障之间的相似性

资料: 总务省"平成27年版 信息通信白皮书" ©BBT大学综合研究所

20.物流机器人——亚马逊（图29）

亚马逊利用收购的Kiva物流机器人系统，极大地提高了自身的物流效率。

在亚马逊的配送中心里有几千台Kiva在同时高速地运作着，这些机器人上都搭载有能够感知周围物体运动的移动传感器，因此不会出现相互碰撞的情况。Kiva不只能够运输包装好的商品，还可以将商品从货架上取出然后送到包装台上。亚马逊的物流中心还提供将

图 29　IoT 的事例（物流）
物流机器人Kiva能够按照工作人员的指示将货架或货物运送到指定的位置，实现物流的效率化。

被称作Amazon robotics（原Kiva Systems）的物流机器人

物流机器人Kiva

亚马逊的配送中心里有几千台Kiva在同时高速地运作着，这些机器人上都搭载有能够感知周围物体运动的移动传感器，因此不会出现相互碰撞的情况。Kiva不只能够运输包装好的商品，还可以将商品从货架上取出然后送到包装台上。

资料: 亚马逊（http://www.amazonrobotics.com/#/vision）©BBT大学综合研究所

包装好的商品通过无人机直接送到购买者家阳台上的服务。日本的千叶市作为日本第一个无人机特区就提供了这一服务。

21. 智能城市——美国（图30）

美国通过IoT收集城市的数据，实现了能够实时提供各种社会服务的智能城市。

图30 IoT 的事例（智能城市）

美国通过IoT收集城市的数据，实现了能够实时提供各种社会服务的智能城市。

区域划分	城市	项目概要	规模
大城市	纽约（纽约州）	LinkNYC：设置具备各种功能的信息终端	城市中心（约16km²）
		哈德逊城市广场再开发项目：构筑以智能大厦为中心的智能城市	再开发地区（约0.1km²）
	旧金山（加利福尼亚州）	DataSF：城市数据开放化	整个城市
	波士顿（马萨诸塞州）	智能停车与交通拥堵回避信息系统	仅限测试区域
地方自治体	奥兰多诺娜湖（佛罗里达州）	以智能健康产业为中心的城市计划	28km²
	查塔努加（田纳西州）	Gig City：利用超高速宽带构筑智能城市	整个城市

美国智能城市项目的事例

资料：根据JETRO "美国智能城市发展现状" 制作 ©BBT大学综合研究所

最有代表性的智能城市项目如下。

大城市包括纽约州的LinkNYC和哈德逊城市广场再开发项目，加利福尼亚州旧金山的DataSF，马萨诸塞州波士顿的智能停车与交通拥堵回避信息系统。地方自治体包括佛罗里达州奥兰多诺娜湖的以智能健康产业为中心的城市计划，田纳西州查塔努加的Gig City。

从总体上来说，智能城市的特点在于将重心放在安全、安心、节能等部分。比如利用搭载红外线摄像头的无人机找出热量流失特别严重的住宅，然后对其加装双层玻璃或者在窗户内侧贴封条，从而帮助整个街区实现节能。

22.充满创意的传感器（图31）

现在搭载各种充满创意的传感器的设备越来越多。在家用社交机器人领域就有感情识别机器人"Pepper"、会说话的机器人"OHaNAS"、家庭机器人"JIBO"以及幼儿园看护机器人"MEEBO"等。除此之外，搭载传感器的设备有可穿戴式排泄预警装置"Dfree"，配合行动发光的鞋"Orphe"，搭载加速度传感器和陀螺传感器、可以根据手臂的动作模拟出乐器演奏效果的智能玩具"Moff"，在应用程序中输入身高与体重就可以根据跳跃次数计算出

图 31　IoT 的事例（社交机器人和传感器设备）

虽然搭载各种充满创意的传感器的设备越来越多，但作为活用IoT的商业项目还不足以取得可观的利润。

家庭用社交机器人	搭载传感器的设备的事例

家庭用社交机器人

感情识别机器人
Pepper

会说话的机器人
OHaNAS

家庭机器人
JIBO
能够通过摄像头和声音识别功能来识别家庭成员的样貌与声音，并进行对话

幼儿园看护机器人
MEEBO
通过图像识别传感器识别幼儿的样貌，自动拍摄照片上传到与幼儿家长共享的网站，让家长能够随时了解到孩子的情况

搭载传感器的设备的事例

可穿戴式排泄预警装置
Dfree
贴在肚子上就可以向智能手机发送"10分钟后排尿/便"等信息

配合行动发光的鞋
Orphe

智能跳绳
在应用程序中输入身高与体重就可以根据跳跃次数计算出消耗卡路里与BMI值

智能玩具
Moff
搭载加速度传感器和陀螺传感器、可以根据手臂的动作模拟出乐器演奏效果

资料: 根据各种资料与文献制作 ©BBT大学综合研究所

消耗卡路里与BMI值的智能跳绳等。

　　虽然这些设备作为商业项目还不足以取得可观的利润。但在生产这些设备的过程中开发出来的这些充满创意的传感器却很有可能被应用于其他具有极大发展潜力的领域，因此非常值得关注。

IoT商业模型的思考方法

如果想利用IoT创造价值，那就不能只将其看做是单独的终端、设备或者互联网，而要将其看做是一个相关系统的复合体来进行思考（图32）。

首先让我们来看一看农业用卡车市场的发展情况。

最初，农业用卡车只具备卡车的功能。接着卡车被加入了能够实现自动化的数据。然后实现了自动化的卡车又加入了能够与智能手机、平板及PC相连的功能。再然后，多个农户之间实现了网络协作，卡车与播种机和耕地机等农业机械实现了系统化。如果这一系统继续发展与进化，那么农业机械系统、农业管理系统、种植优化系统、气象数据系统、灌溉系统等多个系统将实现整体的统合。现在日本平均农药使用量排名世界第一，因此日本的农产品在国际上很没有竞争力。但如果能够实现上述的复合系统，那么在农业生产方面将能够节省下大量的成本，从而提高日本农产品的竞争力。除此之外，自

图 32

如果想利用IoT创造价值，那就不能只将其看做是单独的终端、设备或者互联网，而要将其看做是一个相关系统的复合体来进行思考。

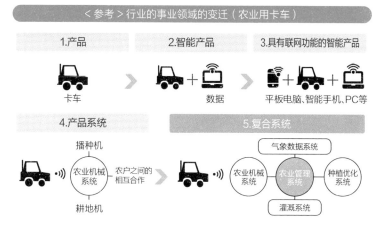

< 参考 >行业的事业领域的变迁（农业用卡车）

1.产品　　　　2.智能产品　　　3.具有联网功能的智能产品

卡车　　　　　　数据　　　　　平板电脑、智能手机、PC等

4.产品系统　　　　　　　　　5.复合系统

播种机
农业机械系统　　农户之间的相互合作
耕地机

气象数据系统
农业机械系统　　农业管理系统　　种植优化系统
灌溉系统

资料: 钻石社《DIAMOND哈佛商业评论》2015/04/01 ©BBT大学综合研究所

动化和复合系统化还能够解决农业人口老年化这一问题。

　　汽车行业在进行商品企划时也需要将思考领域从"产品"扩大到"服务与平台"上面来（图33）。现在绝大多数的用户买车的主要理由都是"自己喜欢、想要"而非"有需求"。所以买车只是为了每天开车上下班的人，就算通勤路上不用跋山涉水，也要买一台SUV。但从使用环境来看，小型汽车就足够了，如果周末需要祖孙三代一

图 33

进行商品企划时需要将思考领域从"产品"扩大到"服务与平台"上面来。

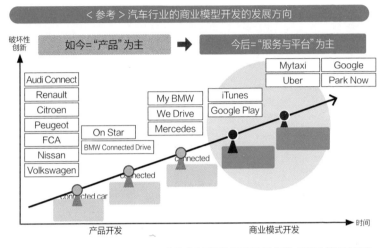

资料: 埃森哲"制造业需要数字化转型" ©BBT大学综合研究所

起出去兜风，那七人座的商务车才是最经济实惠的。

　　特斯拉汽车以及今后意图进军汽车市场的谷歌和亚马逊都对这一领域十分关注。他们采取的并不是销售汽车硬件这种商业模式，而是为消费者提供实用性和满意度的商业模式。汽车市场也确实存在朝着这一方向发展的趋势。日本的汽车生产企业如果还不加快对服务和平台的研发，恐怕将被时代的潮流吞噬。

设计收益模型

从今往后，企业的商业模式需要从单纯销售商品向利用IoT提供各种各样的服务转变。与此同时，如何获取收益也是必须要考虑的问题（图34）。

设定价格和收费的方法包括从量收费、成果报酬、定额制、会员制与免费增值、动态定价等。以从量收费为例，英国劳斯莱斯公司针对使用其喷气式引擎的航空公司就采取按照引擎的功率和使用时间收费（Power by the Hour）的方式。在会员制方面，只要缴纳一定的会员费用就可以获得全套的减肥计划支持以及运动项目建议的健身会员十分常见。欧力士汽车租赁（ORIX Auto）面向法人客户已经采取了根据停车场费用和道路拥堵情况收取费用的动态定价方法。

今后，销售通过IoT获取的数据也将成为一种商业模式。行动记录数据、分析引擎服务、连接API的使用费等都将成为商品。现在索尼就有向制药公司提供电子药品手册使用数据的服务。

図34

要想从单纯销售商品转变为通过服务来获取收益的商业模式，必须从多种收益模型中学习经验。

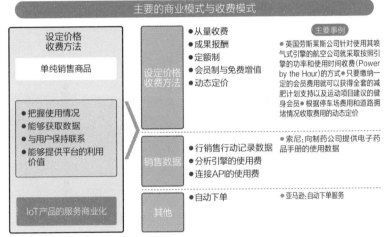

主要的商业模式与收费模式

设定价格 收费方法	设定价格 收费方法	●从量收费 ●成果报酬 ●定额制 ●会员制与免费增值 ●动态定价	**主要事例** ●英国劳斯莱斯公司针对使用其喷气式引擎的航空公司就采取按照引擎的功率和使用时间收费(Power by the Hour)的方式●只要缴纳一定的会员费就可以获得全套的减肥计划支持以及运动项目建议的健身会员●根据停车场费用和道路拥堵情况收取费用的动态定价
单纯销售商品			
●把握使用情况 ●能够获取数据 ●与用户保持联系 ●能够提供平台的利用价值	销售数据	●行销售行动记录数据 ●分析引擎的使用费 ●连接API的使用费	●索尼:向制药公司提供电子药品手册的使用数据
IoT产品的服务商业化	其他	●自动下单	●亚马逊:自动下单服务

资料:BBT大学综合研究所 ©BBT大学综合研究所

　　亚马逊还推出了一项自动下单的商业模式。但实际上，GE早在20年前就已经推出了类似的服务。当传感器监测到冰箱里的饮料和蛋黄酱等调味料用完的时候就会自动下单进行购买。这种系统是GE与日本的富士通将军和NEC一起研发的。

　　不过，这种自动下单系统有一点必须注意。那就是不一定会受到消费者尤其是家庭主妇的青睐。我在十几年前经营的Everyd.com公司也曾经尝试过这种自动下单系统，但从消费者处得到的反馈却是褒贬不一。有时候自动下单系统将快用完的调味料又买了一份回来之后，家庭主妇们却抱怨说"这个东西我们家本来不需要，好不容易用完了怎么又买了一份回来"。通过这件事也让我深刻地认识到，在这个世界上每个人的需求都是不一样的，绝对不能一概而论。

IoT对企业来说意味着什么

今后，IoT将消除产业之间的屏障（图35）。除此之外，像特斯拉汽车那样超越行业之间的屏障从软件领域进军汽车领域的情况将会频繁出现。在这种情况下，一直以来都保持着稳定的行业结构和秩序必将悄无声息地瓦解。来自其他行业的大量新参与者，以及全新的商业模式带来的残酷竞争，这对于行业内所有的企业来说都是一个坏消息。但与此同时，企业也拥有了许多进军其他行业的机会，只要应对得当，也可以凭借新的商业模式来提高自身的竞争力。这样以来，IoT又变成了所有企业的福音。

比如一直以来企业都要派遣专人前往生产现场进行巡视，但如果将这项工作交给监控摄像头来完成，那么不但可以削减成本，还

图 35 日本企业应该如何利用 IoT？

如果企业在IoT的浪潮下不采取任何行动，便无法避免与新加入企业之间的残酷竞争，因此企业应该积极地利用IoT把握新的事业机会，重新定义自身的事业领域、发掘新的商业模式。

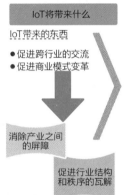

IoT 对企业来说意味着什么

IoT将带来什么

IoT带来的东西
- 促进跨行业的交流
- 促进商业模式变革

消除产业之间的屏障

促进行业结构和秩序的瓦解

对企业会造成怎样的影响

负面影响
- 来自其他行业的大量新参与者
- 大型企业扩大事业领域大
- 不同行业模式之间的竞争

自己公司

正面影响
- 进军其他行业的机会
- 通过对事业领域和商业模式的再定义发现事业机会
- 通过不同的商业模式提高自身的竞争力

企业应该如何应对
- 如果不采取任何行动，便无法避免与新加入企业之间的残酷竞争
- 如果应对得当则将获得新的事业机会
- 应该将其看做是新的事业机会
- 重新定义自身的事业领域
- 发掘新的商业模式

资料:BBT大学综合研究所 ©BBT大学综合研究所

可以将这一系统商品化。

也就是说，一切的关键在于转变思想。总之现在能够明确一点。那就是如果在IoT的浪潮下不采取任何行动，便无法避免与新加入企业之间的残酷竞争。既然如此，还是积极地利用IoT把握新的事业机会更好，重新定义自身的事业领域、发掘新的商业模式。

通过IoT创造价值及具体步骤

IoT商业活动的本质，在于对设备收集到的数据进行分析和利用，创造新的价值，从而获取经济利益（图36）。

2020年将有200亿以上的物品与互联网相连，预计收集到的数据将达到40ZB（Zettabyte）。这些数据将被应用于运营优化、风险管理、营销战略优化和新事业建立等方面，实现削减成本和增加销量等目标。

在导入IoT商业活动时，不管企业规模大小都应该从小做起（图37）。最好是先建立起一个小团队，大胆地起用年轻人和外国人。因为如果只依靠那些在该行业内工作多年、思维已经僵化的人，不管进行多少次头脑风暴，最终的结果都是可以预见的。如果在公司内部找不到合适的人才，那从公司外部引进人才也是不错的选择。

当以小规模的团队进行样品制作、重复试错、收集一年份的数据并清除缺陷之后，就可以进一步扩大团队的规模。

一直以来，日本的企业采取的做法是花费很长的时间从0开始前

图 36

IoT商业活动的本质，是对设备收集到的数据进行分析和利用，创造新的价值，从而获取经济利益。

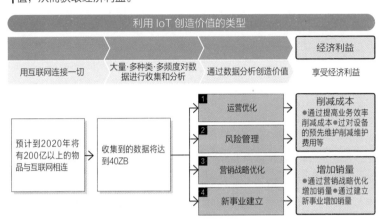

利用 IoT 创造价值的类型

用互联网连接一切	大量·多种类·多频度对数据进行收集和分析	通过数据分析创造价值	经济利益 享受经济利益

预计到2020年将有200亿以上的物品与互联网相连 → 收集到的数据将达到40ZB

1 运营优化
2 风险管理
3 营销战略优化
4 新事业建立

削减成本
●通过提高业务效率削减成本●过对设备的预先维护削减维护费用等

增加销量
●通过营销战略优化增加销量●通过建立新事业增加销量

资料: 根据瑞穗银行"瑞穗产业调查" 2015 No.3制作 ©BBT大学综合研究所

图 37

要想导入IoT，首先需要大胆起用年轻人或外部人才，从小规模开始不断试错，然后再逐渐扩大规模。

利用 IoT 改善业绩和业务、开创新事业的步骤

对获取的数据进行解析，快速进行PDCA循环

理解IoT商业活动	提出创意	制作样品	试错 （应用·改善）	扩大规模
理解IoT技术的发展趋势 •如果不了解技术发展的趋势，创意就会受到限制 理解商业模式 •了解自己公司所没有的其他收益与收费方法和商业模式与事例	课题:从需求出发 •设定需要解决课题的范围 •提出想要解决的课题与需求 •找出能够利用IoT解决的课题	利用简单的技术和随手可得的素材，将创意可视化(制作样品) 利用样品引发出更好的创意 将利用数据的方法、收益和收费方法的创意可视化	将样品小规模地导入试验 设定应该监测的数据和KPI 在导入和应用的同时找出应用上的课题，采取改善措施	根据测试的结果进行大规模的导入 针对不同的案件采取成立新部门和新公司的应对方法 分析·判断从投资到获取收益之间的回收期间 在必要的情况下与外界合伙人合作或者考虑并购

• 不拘一格选拔年轻人才
• 必要情况下引进外界人才(工程师、专家等)
• 无法自己独立完成的情况下，可以与其他企业和合伙人合作

资料:BBT大学综合研究所 ©BBT大学综合研究所

进到0.6，取得1的成果之后再追求1.3。但在IoT的时代，取得1的成果之后接下来就应该以10为目标。在不断变化和发展的环境之下，效率变得尤为重要。所以必须以比之前快10倍的速度行动。如今日本企业必须学习鸿海投产第一天就能够达到800万台产能的效率和规模。

IoT战略的关键

在推行IoT的时候，效率、组建团队以及领导的支持缺一不可（图38）。要想提高效率，关键在于精益创业。也就是从小处着手，以10倍的速度重复进行假设验证。而且因为以低成本和低风险为起点，所以能够充分地利用云计算、众包、众筹等技术。在组建团队时，开放式创新是基础。选拔人才时要不拘一格，大胆起用年轻人和外部的专家与工程师。必要的时候还可以与其他企业和合伙人展开合作。

除此之外，公司领导还要积极地向公司内外传达IoT的必要性，成为公司员工的坚实后盾，让他们知道"IoT对你们来说并不是遥不可及的事情，一定要摒弃掉IoT与我们无关这种先入为主的观念，用一年的时间将IoT普及下去"。杰克·韦尔奇在对GE进行整改时就专门

図38

要想推行IoT，效率、组建团队，以及领导的支持缺一不可。

IoT 战略的关键是什么？		
效率： 精益创业	●从小规模开始，快速地重复进行假设验证。不追求完美，以高效为目标，发现问题就迅速进行修正 ●充分利用现有的云计算、众包、众筹等技术，实现低成本、低风险创业	GE等大企业也导入了这种硅谷企业的精益创业方法
团队建设： 开放式创新	●不拘一格选拔年轻人才 ●必要时吸收外部的技术与人才 ●根据实际情况引进外部的人才（工程师、专家等） ●无法独立完成的情况下，可以与其他企业和合伙人合作	
领导的支持	●积极地向公司内外传达IoT的必要性 ●为IoT推行团队创建一个没有干扰的环境 ●决定在扩大IoT规模时最多允许出现多少赤字	

资料：©BBT大学综合研究所

组建了一个用来破坏事业部的反事业部。同样地，身为企业的领导也要具备"利用IoT将一直以来的事业部彻底破坏"的气概。

日本的工业4.0

日本也有好几个工业地区设备的运转率只有20%左右。如果能够打破工厂之间的屏障，将这些设备用互联网连接起来，实现整个地区的设备优化，那么一定能够消除大量的无用功（图39）。

大约20年前我就在静冈县的三岛市提出过这个建议。当时三岛市虽然聚集了大量的机械产业，但已经进入衰退期的工厂一家接一家地倒闭。于是我提出了一个建议，就是由当地企业提供几台类似于NC旋盘之类的特殊机械设备，再从各个企业中挑选出熟练工派遣过去，组建一个名叫"三岛制造工厂Inc."的企业，就可以削减成本、实现整个地区的复兴。但当时该地区的负责人并没有对我的建议做出回应，结果我的想法没能得以实现。

我在马拉西亚担任马哈蒂尔总理顾问的时候，曾经带他来东京都大田区视察过好几次。当时大田区有8000家町办工厂，但现在绝大多数都在与中国企业的竞争中败下阵来、无以为继，只有3500家幸存。如果大田区长有让整个地区生存下去的想法，那么大田区绝对不会落得如此悲惨的境地。不过现在补救还来得及，因为工厂里的设备还在，只要从现在开始让这些设备成为整个区域共用的设备，相互之间进行监管，以合理的成本让设备实现100%的运转率，那么大田区就很有可能起死回生。我认为这种被称为工业4.0的做法实际上也很适合日本采用。

图 39

如果日本也能够在工厂聚集的地区导入工业4.0的体制一定很有前途。

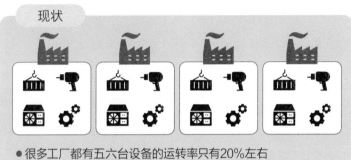

在日本导入工业 4.0 的构想

现状

● 很多工厂都有五六台设备的运转率只有20%左右

导入工业4.0之后

● 通过将这些设备用互联网连接起来，实现整个区域的产能优化

● 通过集群化实现投资的最大化利用

资料: 日经BP《大前研一"产业猝死"时代的人生论》2014/12/24 ©BBT大学综合研究所

【疑问解答】

Q1：推行IoT需要拥有比之前提高10倍的效率，那么已经取得成功的传统的大企业，要如何改变组织内的时间轴和赏罚体制来应对变化呢？

大前：这个提问本身就有矛盾。传统的大企业无法通过IoT取得成功。

优步（Uber）自从特拉维斯·卡兰尼克创业以来，只用了短短5年时间就拥有了5000名员工。但是，这5000名员工并不都在优步位于荷兰的运营部，而是众包的。所以优步的成长速度可以不受任何限制。

优步只用了短短5年时间就扩展到全世界351条街区。注意是街区而非国家。因为对优步来说，只有占领街区才算占领了市场，就算宣布进军日本市场但如果在日本的街道上只有一辆优步的汽车在行驶的话那有什么意义呢。优步之所以能够以街区为单位划分市场，离不开智能手机的帮助。全世界的智能手机只有两种操作系统，安卓和iOS。而不管在哪一种系统上运行的应用程序其功能都是完全相同的。

在优步上注册的驾驶员有130万人。其中有61%是工薪族利用业余时间做兼职司机。对这些驾驶员的工作安排全都在荷兰进行。即便是给位于日本的用户安排车辆以及向驾驶员支付报酬，全都是由位于荷兰的运营部门负责。

正是因为拥有这种系统，优步才能够实现如此飞速的成长。

在乘客支付的车费之中，80%由驾驶员获得，剩余的20%则由优步收取，而在这20%之中除掉运营成本后的纯利润全都集中到百慕大的免税地区。虽然优步的总公司位于旧金山，但这里的收入只有其总利润的1.45%，所以美国政府无法收取税金。这种避税的方法也是优步在5年时间内成长为市值5兆日元公司的原因之一。

上述这一切都因为优步是一家个人创业的公司才能够得以实现。如果三菱汽车也想到了类似优步的创意，想要将其发展成为一项事业，那么光是向相关人员进行说明就要花上5年的时间，而真正实现恐怕要花上一个世纪。

公司本身就是缺乏灵活性的组织。如果大企业想推行IoT，最好的办法就是挑出三个头脑灵活的人，让他们自由发挥，只要每半年进行一次汇报就好。

某制药公司的员工想出了一种"密造酒"的酿制方法并将其报告给了社长，但社长却说公司做不了这种东西直接驳回了这名员工的想法。不过这名员工并没有因此而放弃，他经过自己不断地努力终于使"密造酒"获得了厚生劳动省的许可并顺利地商品化，结果引发了消费者的购买热潮。这款商品的利润率高达96%，给公司带来了丰厚的利润，这名员工也因此获得了社长的褒奖。

公司属于一旦确定下发展方向之后就会稳定运作的组织，但并不适合进行"密造酒"的生产之类的创新。

就算公司里没有合适的人才，现在也可以通过众包在全世界范围内寻找人才，所以根本无需担心。不久之前，我试着通过日本的众包平台悬赏4.5万日元找人帮忙将我的演讲稿翻译成英文，但拿到的演讲稿译文质量却根本不值这个价格。我又重新找了两个人进行翻译，这次其中一个人的英译质量非常好。于是我立刻决定将以后的所有英译工作都委托给这人来做。

不只翻译，像软件编程、思考创意等工作也都可以委托外部的人才来完成。大塚食品就通过众包平台征集梦咖喱（Bon Curry）的广告宣传语，获得了许多优秀的创意，而支付的费用则只有5万日元。在软件编程领域，白俄罗斯有许多可以对应商业流程外包的人才。澳大利亚与加拿大也有很多刚刚退休，拥有三十年相关工作经验的专家。任何工作都可以委托给他们来完成。

反之，对众包一窍不通，完全没有利用外部人才想法的企业，未来的发展前景令人担忧。

优步和爱彼迎（Airbnb）等新兴企业一口气席卷全世界是在2015年。我想按照公元前和公元后的记录方法，将这一年命名为IoT元年。IoT也以2015年为界限，在之后出现了许多新的发展。但是，如今认真思考这些发展机会的人还很少。也就是说，谁能够尽快发现这些人才，并且拥有将未来托付给他们的勇气，谁就会在今后获得更多的机会。

Q2：我们公司以硬件为主，今后想收购一些以提供解决方法为主的企业。需要注意哪些问题？

大前：以硬件为主的公司收购以提供解决方法为主的企业并取得成功的例子并不多见。搞硬件的人都追求立竿见影的效果，而提供解决方法的人则不能用这种态度去工作。如果真的想让收购取得成功，那就应该往收购对象处多派遣一些拥有解决方法工作经验的人，并且利用这些人构筑起两家公司交流的接口。否则的话，就算将对方公司收购了过来，也会因为交流不畅而无法使被收购的企业充分地发挥其应有的作用。在进行交流时必须以人为单位，而不能以公司为单位。绝大多数并购失败的原因都在于此。

此外，还可以通过派遣过去的人来改变被收购企业的企业文化。改变被收购企业的企业文化是收购方的责任和义务。

改变企业文化时，效率尤为重要，关键在于收购后的头三个月。必须在这个时间段内将"我们对你抱有这样的期待"这一内容明确地传达给对方，并且让对方彻底理解清楚。一旦过了这个时间段，那么对方就会产生出"还像以前一样工作就好"的心理惰性，到了这个时候再想对其进行改变就非常难了。所以还是趁热打铁最好。

毫无疑问，想要仅凭硬件盈利是不可能的。所以就连IBM这样的大企业都向提供管理顾问和整体解决方案等服务转型，但因为硬件与软件的企业文化完全不同，因此这种转变非常困难。IBM也是在路易斯·郭士纳这一来自外部的"铁血宰相"的帮助下才取得成功。

从这个意义上来说，硬件公司在收购以提供解决方法为主的企业时，必须有将自己企业的未来都押在被收购企业身上的觉悟和热情才能够取得成功。

Q3：如果2015年是IoT元年，那么在今后的20年、30年，日本社会将会有怎样的改变呢？

大前：从偶像经济的观点来看，今后10年~20年，对于日本来说最大的成长机会即将到来。

日本现在的住宅空置率大约13%，而利率只有1.34%。对于有野心和有创业精神的人来说，这正是最好的条件。简单来说，就像现在非常热门的爱彼迎那样，购买不动产然后租给别人就行了。

我在加拿大的滑雪胜地惠斯勒有一幢别墅，但我每年只在滑雪季去住几天，其他的时间则都租出去。招募房客与房间打扫之类的事情都由当地的管理公司进行，我一点也不用操心。这幢别墅我是贷款购买的，但租金收入基本就够我偿还贷款了。我在澳大利亚也有一栋房子，同样在我不住的时候通过出租来赚钱。聪明的中国人和印度人要是知道现在日本的不动产和利息情况，肯定会产生出和我一样的想法。

但日本人似乎完全没意识到这是一个机会。

有许多在中西部和东北部工作的美国白领，都会在温暖的南部地区购买第二套房子。他们会在夏季和家人一起来这套房子度假，其他时间则将房子委托给管理公司帮忙出租。这样以来，就算这套房子是贷款买的，也可以通过租金来偿还部分的贷款，使家庭不必承担太多的压力。而等他们退休之后，就可以将北部的房子卖掉，直接搬到更适宜生活的南部。日本人常说美国人没有存款，但实际上美国人可以在退休之后卖掉一套房子换取现金，这样就算不用特意攒钱也一样可以安享晚年的生活。

在欧洲，虽然拥有两套房子的人不像美国那么多，但欧洲人却都有度假的习惯。意大利人将收入的三分之一都用在度假上，在死之前一定会花光所有的存款。正因为他们有这种生活习惯，所以就算经济非常不景气，但经济规模却并没有极端地缩小。

反观日本人，不但看不到就在身边的商业机会，还因为对未来充满了担忧而拼命地存钱。在日本陷入经济低迷的这20年间，日本人的个人金融资产从1000兆日元增加到了1700兆日元。在经济不景气的时候还能有这么多存款的国家，全世界怕是只有日本了吧。安倍晋三首相对经济界提出增加正式职员和增加薪水的要求，完全是治标不治本。日本人20年存了700兆日元，只要将这些钱都引向市场就好了。700兆日元平均到20年；每年是35兆日元，相当于GDP的

7%。完全可以使经济实现复苏。

那么，怎样才能促使民众们花钱呢？德国的事例可以供我们参考。德国人以前和日本人一样，拼命工作却很少休息，但现在夏季享受两周休假，冬季享受一周休假。其中冬季的一周休假是滑雪假，如果像日本的黄金周一样全国一起放假，那么滑雪场里肯定是假期的时候人满为患，而假期之外的日子则冷冷清清。于是德国政府将每所学校的滑雪假时间错开，学生家长可以根据孩子学校放假的时间申请休假。这样以来，谁都可以悠闲自得地享受滑雪，滑雪场也能够在整个冬天都得到充分的利用。

另外，日本绝大多数的金融资产都在老年人手中。这些人在几乎不花钱的同时又将养老金的三成继续存进银行，结果就是在死的一瞬间成为人生中最有钱的时刻。

为什么日本的老人不敢花钱呢？因为他们害怕自己将来有一天会躺在床上动不了，需要依靠别人的照顾。但实际上真正病倒卧床不起的情况在每7位老人之中才有1位，而其他6人都是"突然死亡"。如果真的为国家的经济发展考虑，政治家就应该将这个情况准确地传达给老年人，并且制定一些让老年人能够充分享受老年生活的计划。

听说有不少财务官僚发现国民的金融资产与国家的债务几乎相等，想要通过引发一场超级通货膨胀来将国家债务抵消掉。如果真发生这样的情况，那么好不容易存下来的养老钱很有可能在一夜之间全都变成废纸。

只有不断涌现出敢于大胆进行尝试的人，国家才能得到持续的发展。但要是像现在这样，所有人都对机会视而不见，只是一味地存钱却什么也不做，那10~20年后日本将没有未来可言。

Q4：在IoT4.0时代愈发显得重要的传感器开发，究竟应该如何进行呢？

大前：首先必须明确想要监测的对象是什么。比如对制药企业来说，如果在药瓶中混进了玻璃渣之类的异物会引发非常严重的问题，所以需要开发的就是能够瞬间发现异物的图像传感器。

接下来就要在全世界范围内寻找图像传感器的研发专家。实在找不到的话还可以委托大学的研究机构来帮忙研发。

不过，在分辨异物方面有时候人眼比传感器更高效。尤其是在有听力障碍的人之中，很多人的视觉都非常敏锐。欧姆龙、索尼、本田等工厂就雇佣了不少比传感器更高效的听障人士。

Q5：利用IoT成功构筑起新的商业模式之后，为了合理避税而像Uber那样将总部转移到荷兰的方法，适用于日本企业吗？

大前：其实全世界都在采取这种方法，但日本企业就算将总部转移到国外，日本政府一样有权冻结海外日本人和日本企业的银行账户。所以说在哪都一样，根本跑不掉的。

（收录于2016/2/27"ATAMI SEKAIE"）

第二章

IoT怎样改变未来

村井 纯

PROFILE

村井 纯 Murai Jun

2009年起担任庆应义塾大学环境情报学部长·教授。工学博士。1984年搭建了连接东京工业大学和庆应义塾大学的日本第一个互联网"JUNET"。1988年促进了互联网研究团体WIDE项目的发展，为日本互联网的整备与普及做出了巨大的贡献。内阁高度情报通信网络社会推进战略总部（IT综合战略总部）有识者总部员，内阁信息安全中心信息安全战略总部员，除此之外还担任诸多省厅委员会的主审和委员等，并经常出席国际学会的活动。

日本的互联网起源于JUNET

我本人是搞技术出身，同时我还担任总务省与经济产业省共同推行的IoT推进团体的会长。因此，我想从技术和行政与政策两方面对IoT进行一下分析。

我在1984年搭建了一个电子邮件网络JUNET（Japan·UNIX/University·Net）。可以说这就是现在日本互联网的雏形，这也是我与IoT最早的接触。

为什么是1984年呢？因为在1985年的时候，《电子通信事业法》与《日本电信电话株式会社法（NTT法）》正式实施，所以在1984年的时候，一直以来被日本电信电话公社独占的电子通信服务就已经可以由民营企业提供了。

在此之前，擅自用电话线路传输电脑数据是违法的行为。当时我在东京工业大学任职，为了进行研究，我向国家申请过许多次，但都没有得到批准。没办法我只能让学生们站在研究室的门口帮我放哨，然后我小心翼翼、提心吊胆地进行用电话线连接电脑的作业。

JUNET架设成功的时候规则还没有更改，电子通信事业者之外的人进行数据包交换严格来说是违法的。

于是我向邮政省请求给我一个"JUNET特权"，但得到的回应是不行。他们的意思是"你要搞就搞吧我们也管不了你，但想让我们给你出合法证明没门"。

违反法律绝对不是什么值得提倡的行为，但如果一味地等待法律条款改变，就无法引发像爱彼迎和优步那样的创新。在商业活动之中要想挑战新技术，就必须敢于承担风险，走在规则的前面。

现在"特区"是解决上述问题的方法之一。可以提出某种理由，申请一个仅限在当地进行某种行为的特区。比如千叶市现在就是无人机特区，我工作的SFC（庆应义塾大学湘南藤泽校区）所在的藤泽市是机器人特区。

After the Internet

距离JUNET诞生至今已经过了30个年头，互联网环境也发生了巨大的变化。

现在世界上的每一个人都可以参加互联网交流，全人类都能够享受到互联网带来的好处也是一切论点的前提。

接下来，就是所有设备都被连接起来（图1）。也就是所谓的IoT。但是，关于这个IoT的"T"则必须慎重对待。说得更清楚一点，那就是希望政府不要过多干预，不要提供资金之类的支援。"T"与互联网相连之后会变得非常便利，这一点不言自明。所以让想要进行发明创造的人可以按照自己的想法自由地创造才是最好的选择。

另外，创造者也必须认识到，硬件很快就会变成免费的。哪怕在开发上投入了30亿日元，但当全人类都要用你开发的东西时，那么这件东西就会变成免费的。

图1

After the Internet

- 超过80亿"参与者"
  - ·创意与创新
- 超过1000亿个设备和传感器
  - ·极低成本定制生产电子零件
  - ·从TCP/IP协议到互联网
  - ·无限量的数字数据
- 复杂的分布式处理
  - ·伪并行计算
- 互联网上的任何服务

资料：Pro.Jun Murai

计算机就是一个最好的例子。20世纪80年代日本为了开发拥有多任务处理功能的第5代计算机，投入大量资金成立了新时代计算机技术开发机构（ICOT）。虽然ICOT没有完成当初设定的目标，但在2016年第5代计算机也已经实现了普及。拥有内存、中央处理器（CPU）和输入/输出端口（IO）的计算机与以太网相连，甚至还带有Wi–Fi功能。能够与我学生时代的超级计算机相匹敌的设备，如今只有一个纽扣那么大，而且价格还十分便宜。

因此，我们必须思考现在创造的这些硬件变成免费之后，世界将会发生怎样的改变。我经常对学生们反复强调"多思考世界变成那样之后的状况"。

到目前为止数据都是被从四面八方集中于某处之后再进行处理，但今后能够对这些数据进行分散处理的计算机的重要性将越来越高。最近"自动分散处理"的密码化就是对这一事实的最佳证明。

请大家仔细地想一想。现在的智能手机就相当于过去的超级计算机，几乎每个人的口袋里都有一台。但是，虽然这些智能手机都与互联网相连，每个个体之间却是相互独立的。也就是说尚没有形成自动分散协的调系统。

如果能够将这些相互独立的智能手机连接起来，那么就将形成一个非常可怕的局域计算机集群，能够处理一切数据。当然，相关的整备活动如今正在进行当中。这也是现在计算机系统结构的有趣之处。

接下来，让我们从计算机科学的角度来思考一下IoT。

20世纪80年代我前往斯坦福大学访问时，受到了很大的震撼。在那之前我一直以为哲学只能人与人之间相互传授和学习，但斯坦福大学哲学系的学生却通过键盘将哲学文献输入到电脑里（因为当时光学字符识别的精确度还不怎么高）。然后通过调查哲学文献中个别单词的出现频率，来分析出该文献作者的哲学思想。

也就是说，在20世纪80年代，人们就已经开始将计算机应用于调查单词的使用频率上了。很快，这一功能就进化成为能够对语言进行分析的人工智能。最有代表性的当属"Eliza"这个以卖花女的名字命名的软件。这个用LISP语言写成的软件能够在限定的词汇中进行自动翻译。现在的人工智能虽然在计算能力、辞典以及语料库的大小上存在着差异，但原理基本上没有发生太大的变化。

计算机的另一个作用就是对Web进行分析。20世纪90年代是Web的全盛时期，搜索引擎能够对庞大的文字数据进行非常彻底的检索。

比如以前要想在Web上搜索与"猫"相关的信息，那么计算机只能找出所有与"CAT"这个关键词相关的内容。但现在除了文字信息之外，计算机还可以对各种各样的数据进行分析。比如通过"拥有两个眼睛、这样形状的耳朵，长着这样的胡子"的认知模式，计算机还可以找出与猫相关的所有图片和影像。这不但意味着数据分析和人工智能的发展，还暗藏着对IoT发展的提示。将来会接连不断地涌现出大量让人无法理解的数据，通过这些数据能够发现什么，或者应该将关注点放在什么地方，率先解决上述问题的人将在未来取得胜利。今后，互联网将会有怎样的发展，数据、应用程序，以及服务将会有怎样的变化，这是谁也预料不到的。关键在于要坚持将其开发为能够对人类有所帮助的、能够实际应用的东西。

T is for Things

IoT的概念最早于1999年由麻省理工学院的凯文·阿什顿（Kevin Ashton）提出。他是生产领域的专家，当时带领麻省理工学院与英国的剑桥大学和日本的庆应义塾大学一起致力于RFID（Radio Frequency Identification）这一无源标签的研究开发与标准化工作（图2）。

当时国际集装箱使用的是433兆赫的RFID，但日本却将这一频率分配给了其他的领域。我曾经多次警告说"这样的话，日本的集装箱都会流失到国外去"，但没有引起有关方面的重视。结果神户的集装箱果然都流失到釜山了。因为这件事，日本终于允许在港湾区域使用433兆赫的频率，但为时已晚。

图 2

T is for Things

- Thing with a RFID
  - ·Electronic Tag
  - ·Universal ID for things
- Thing with a Computer
  - ·With Proprietary wireless
  - ·With Proprietary network
  - ·With Closed network
    - · Connecting to the Internet by a gateway with proxy functions
- Thing with a full spec Computer
  - ·With full spec TCP/IP
  - ·Computation power

资料：Pro.Jun Murai

　　433兆赫在国外是能够自由使用的频率，因此产生出了大量的标签，价格也相应地下降了不少。另外，这一频率的读取器价格也很低，只要将433兆赫的标签贴在门上，一旦出现震动，读取器就会感知到异常然后将警报发送到智能手机上，或者直接发出警报，有不少企业以此生产安保设备。但是日本尚未形成完善的频率分配体制，所以很遗憾现在还无法采用上述应用方法。不过等RFID能够实现大批量生产从而降低成本之后，一定能够发现更多的应用方法。

我曾经针对这个问题和凯文·阿什顿讨论过很多次。我们在一次讨论中提到"如果给所有的东西都附加一个ID使个体能够被识别，就相当于建立起了一个物品的互联网"。IoT这个词就此诞生。

我们还谈到利用无线网络将数据存储到云端的方法，如今计算机的性能越来越高，边缘计算机（在用户的附近设置多个边缘服务器，通过缩短距离来降低通信延迟的技术）也能够进行数据的压缩与解压缩。这样以来，数据的所有权将变得更加明确，而数据究竟存在于何处这一系统结构的关键问题也将得到解答。

T is for Transportation

我们在1995年的时候进行过一项研究。研究的内容是创建一个利用IoT感知降雨的系统。

比如一个人走在街上，忽然有一滴雨掉在他的头上，他就会感觉"啊，下雨了"。但遗憾的是，仅凭一个人和一滴雨还不足以做出下雨了的准确判断。如果有两三个人都感觉下雨了，才能够做出下雨了的判断。

还有一个更加准确的判断方法，那就是利用汽车的雨刷器。如果雨水落在汽车的前挡风玻璃上，那么对此感到在意的驾驶者就会打开雨刷器。一开始可能只有少数比较神经质的人会打开雨刷器，但如果雨越下越大，打开雨刷器的人也会越来越多，雨下得很大的话，雨刷器扫动的频率也会加快。只要能够同时掌握雨刷器的扫动数据和位置信息，就可以准确地把握局部地区的降雨情况。

我们在名古屋的1500辆出租车上都安装了GPS系统，当时GPS的价格是一台40万日元。那么1500辆全部安装就是40万×1500辆=6亿日元。再加上安装费等其他费用，仅此一项就花掉了20亿日元研究预算中的10亿日元以上。当然，如果换成现在的话就不用在GPS上花费这么多钱了。现在智能手机里自带GPS系统。正如我前文中提到过的那样，硬件早晚会变成免费的。

后来当我们的这项实验公开之后，立刻遭到警察的投诉。因为只要掌握了车速的数据，就可以知道哪些道路出现了拥堵，而民间是不允许拥有这些信息的。

另外，对于农业来说，明天的天气是非常重要的信息，如果民间组织企图擅自通过IoT获取相关信息，也会遭到政府的阻挠。因为擅自预测明天的天气违反气象法。所以，如果你无论如何都想在这方面展开商业活动，那请首先与我们进行合作。这样的话，一旦出了什么问题都可以把责任推给大学方面，你就高枕无忧了（笑）。

言归正传，总之我们在汽车的雨刷器上安装了传感器，建立起了一个实时共享汽车位置信息和雨刷器状态数据的系统，并且收集到了非常庞大的数据。

当时是20世纪90年代，还没有IoT这个词。我们在欧洲将这项研究结果发表出来的时候，全场掌声雷动。我第一次感受到，沐浴在别人的掌声里竟如此令人舒畅。

然而会场里有一位参加者提出了这样的意见。"没想到自己汽车的位置也拥有这么多的意义，确实很有趣。但是，我不想让我的妻子知道我的汽车究竟在哪里。"

他提出的这个意见让我大吃一惊。因为在此之前，我的脑海里根本就没有"隐私"这个概念。

这个时候我才第一次意识到，我所研究的这项技术竟然和人类的隐私密切相关。以此为契机，我将隐私问题也加入到自己的研究之中。现在ISO委员会就正在制定汽车数据的隐私指导原则。

在数据的隐私和安全性问题上最棘手的就是标准化以及横向共享。特别是对于IoT来说，一旦人们认识到不管自己走到哪里，自己周围的数据都会暴露无遗的话，恐怕会产生出强烈的抗拒意识甚至不愿意出门。所以相关的企业和政府部门应该趁民众还没有意识到这一点的时候，通力合作建立起一个能够将数据横向共享的环境。

现在的问题在于，任何一家企业和政府部门都不愿意将自己拥有的数据共享出去，所以执行起来也是困难重重。东日本大地震的时候，本田从Probe car（搭载有检测系统的汽车，可以根据动态传感器发送的数据，分析出与交通情况、车辆情况、天气和路面状况等相关的信息）的数据中抽取出位置信息公开，这实在是本田做出的最英明的决定。在本田之后其他四家汽车公司也相继将自己的数据通过ITS协议会合并公开。因为他们一直在为数据的标准化不断努力，所以这些数据才能够很快地合并在一起。通过这个数据，受灾现场哪座桥梁断了导致车辆无法通行等情况都可以一目了然，对随后的物资运输起到了非常关键的指导作用。

汽车企业在收集这些数据的时候并没有告知消费者"我们会在紧急情况下利用与你个人隐私相关的数据"。不过个人信息保护法有在紧急情况下可以例外的规定，适用于上述情况。但是，严格来说，究竟什么样的情况算紧急情况并没有一个具体的定义。

在个人隐私方面，应该根据这些经验进行更加深入的探讨，使法律更加完善。

3D打印机

数码制造机（Digital Fabricators）已经相当普及。3D打印机就是其中之一。SFC从3年前开始就允许学生自由地使用3D打印机了。最初还有人担心向全体学生开放设备的使用权，会不会因为材料费过高导致运营无以为继，但事实证明这种担心完全是多余的。学校最初采购的一年份的材料直到现在还有剩余。但这并不是因为前来使用3D打印机的学生人数太少，而是因为3D打印机打印一件成品需要花费很长的时间，没办法连续打印。这样以来，材料消耗当然也就不多了。

也有将3D打印机积极应用到教学之中的教授。研究大脑科学的青山敦教授就让学生们扫描自己的大脑，然后用3D打印机打印出来。听说学生们在上课的时候一边相互展示自己的大脑复制品一边调侃"你的大脑比我的大脑小"。由此可见，3D打印技术的出现在一定程度上改变了大学的授课方法。

另外，虽然现在3D打印机只能打印固体，但我觉得这部分正是接下来需要解决的课题。

从此以后，托3D打印机的福，不管你在世界上的任何地方，只要有设计图就可以自己打印出一模一样的东西来。过去我们可以下载音乐，而现在我们可以下载物体。几年前SFC的学生用3D打印技术设计了一个能够同时写三行文字的"抄写笔"，并且将设计图发到了一个名为Thingiverse的网站上，很快就受到了全世界的欢迎。

设计图就是用像XML语言写成的三次元模型的记述，如果有人觉得只能写三行文字不够，想改成能够写五行文字的笔，那么只要修改设计图中的一个地方就可以了。这就是将三次元的智慧共享。

关于三次元立体物体记述语言的标准化，目前已经取得了巨大的进展。一旦实现标准化，要想改变原型的颜色或者一部分形状，只要对相应的程序进行替换即可，实现起来非常简单。就像最近的编程教室所做的那样，让学生们打开java script，实际看到改变程序的某个地方会产生出怎样的结果。

不久之前，我对雅马哈的中田卓也社长说，"要不要将雅马哈乐器的所有产品数据共享到网上"。他最初的回答是"那样我的乐器不就都卖不出去了吗",完全拒绝了我的提议,但当听到我说"肯定有人在用过3D打印的乐器之后产生出购买真品的想法",他一下子又来了兴致说"那样的话我考虑考虑"。不过这都是在酒桌上的戏言,他恐怕都不记得了吧……

后来我整理这些想法的时候,忽然发现了一些很严重的问题。如果能够利用3D打印机和数据来制作乐器,而且材料也可以在当地获取的话,那么全世界的人都可以通过一封邮件就自己制作出与雅马哈的产品一样的东西。这样的话连物流都省了,那关税要怎么办呢?

还有一个就是产品责任问题。如果一个人从雅马哈的官方网站上下载了设计图,根据这个设计图用3D打印机制作了一把小提琴,然后在演奏这把小提琴的时候受了伤,那么究竟应该由谁来承担这个责任?是雅马哈,打印小提琴的人,还是提供材料的人呢?如果不能搞清楚这些问题,3D打印技术就无法在社会上得到进一步的发展。

庆应义塾大学的医学部成立了一个专门对3D打印技术及其材料进行研究的项目组。该项目组的目的之一是制作人造器官。随着研究的不断深入，该项目组已经能够用非常廉价的材料制造出非常接近真正器官的人造器官。医生们可以利用这些人造器官进行高频手术刀的练习。

3D打印技术还可以被应用于假肢的生产。一直以来假肢都是由专业的工厂进行生产与组装，但有了3D打印机之后，假肢的生产与制作就变得非常简单。只要对健全的肢体进行扫描后对称地制作设计图，然后在打印时将坚硬部分和柔软部分的材料改变一下，就可以制作出一个非常完美的假肢。

因为设计图是软件，所以只要拥有能够以较高的精度打印柔软材料的3D打印机，即便没有工厂也一样能够在全世界的任何地方以低廉的价格制作假肢。

我们研究的另一个内容，就是给3D打印出来的东西都加上一个能够进行个体识别的RFID。这样以来，只要使用NFC（Near Field Communication）扫描就可以读取ID，从而通过数据库来辨识这个物体究竟是什么。也就是说，能够给所有的个体附加一个识别代码。

我和凯文·阿什顿开始进行RFID的研究时，贝纳通服装公司通过麻省理工学院为我们提供了不少资金上的援助，但就在贝纳通公司宣布自己作为尖端科学的合作方将在所有的服装上都附加RFID的第二天，立刻有人打出了"I'd rather go naked"的反对广告。也就是说，消费者宁愿赤身裸体也绝不会穿这种损害自身隐私权的衣服。

时光流逝、岁月变迁，如今和贝纳通一样同为服装公司的优衣库也在自己公司的商品上附加RFID来进行商品管理。不过优衣库在隐私保护上采取了一些措施，比如消费者可以自行将标签拆下，店里也提供破拆服务，这才终于被社会所接受。三次元的物品如何通过网络进行QIP（Quality Control：品质管理，Intellectual property：知识产权，Product liability：产品责任）的管理是今后非常重要的课题，而在3D打印的物品上附加RFID毫无疑问是解决这一问题的最佳方案。

T is for TV

在IoT时代，电视也将成为非常重要的设备。

美国的Netflix通过网络播放的电视连续剧《纸牌屋》在2013年获得了艾美奖。由此可见，只要对观众的喜好进行彻底的分析，完全按照观众的口味制作电视剧，肯定会大受好评还能获奖。也就是说，电视的意义发生了巨大的改变。

日本的电视生产商自己就在积极地推行"将电视与互联网相连"的活动。当日本的电视机与高速的互联网连接起来之后，一定能够制作出比《纸牌屋》更有趣的电视节目。

日本是发达国家中唯一电视广告收入还在持续增长的国家。也是发达国家之中唯一互联网广告收入没有超过电视广告收入的国家（图3、图4）。这究竟是为什么呢？其实只要打开电视看一看就会找到答案。电视广告中的绝大多数都是谷歌、乐天、雅虎等互联网企业的广告。在日本，只要利用电视广告进行宣传，商品的销量就一定会得到提高，所以就连互联网企业也积极地通过电视来打广告。这在全世界都是非常少见的情况。

将数据作为社会基础

在数据大国日本有两个宝贝，一个是汽车，另一个就是手机。

由于现在智能手机已经十分普及，因此可以轻而易举地获取用户的住址、姓名、年龄、性别等数据，甚至可以把握人们的一切行动。

我认为，应该将汽车和手机的相关数据也作为社会基础，并且

图 3

广告市场

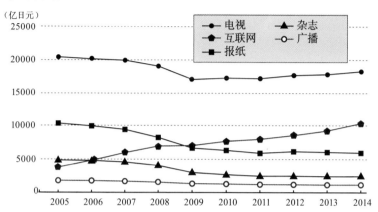

（亿日元）

	电视	杂志
	互联网	广播
	报纸	

资料: http://www.dentsu.co.jp/news/release/2014/pdf/2014014-0220.pdf
http://www.dentsu.co.jp/knowledge/ad_cost/2014/media.html

图 4

广告市场份额

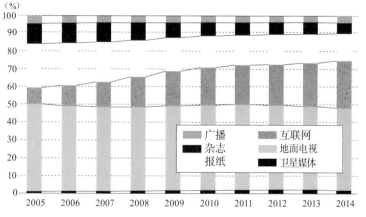

（%）

	广播	互联网
	杂志	地面电视
	报纸	卫星媒体

资料: http://www.dentsu.co.jp/news/release/2014/pdf/2014014-0220.pdf
http://www.dentsu.co.jp/knowledge/ad_cost/2014/media.html

允许其被应用于商业活动之中。这样的话，一旦发生自然灾害，就可以利用这些数据维护公众的利益。事实上已经有一些初创公司开始制作相应的应用程序来提供类似的服务。当然，可以采用降低用户电话费的方式作为提供隐私数据的回报。

在汽车和手机等隐私数据的管理方面，由一桥大学堀部政男名誉教授担任委员长的个人信息保护委员会正在制定相关的法律法规。另外，在使用国情普查时收集到的数据时，如何保护个人隐私也是这个委员会的工作之一。

IoT怎样改变未来

IoT今后将如何改变社会，并且将社会变成什么样呢？

比如在农业领域，通过价格低廉且购买方便的传感器，可以掌握播种和浇水的时间、对土质进行最优化调整、控制收获物的品质和收获量，实现农业生产的高精度化。农业机械自动化的速度也在不断加快，如今利用无人机在农作物上方三十厘米处高效地撒播农药已经成为现实。

分散在世界各地的计算机正在连接起来。现在利用WebRTC（Web Real-Time Communication：网页实时通信）技术连接网页浏览器的技术得到了长足的发展。这是利用网页浏览器连接计算机，启动javascript进行多任务处理系统结构的标准化技术。通过这项技术，人们可以利用网页浏览器进行实时语音对话或视频对话。不只基于HTML的浏览器，这项技术也同样能够应用于电视机。只要以此为前提开发出应用程序，今后一定会出现更多的具体用法。

当网络系统结构发生改变，安保相关领域也将发生变化。窃听、有线网络安全、无线网络安全、安全网页、加密、解密……如果用冰山来比喻的话，这些都是隐藏在海面下看不见的部分，而看得见的部分则包括服务应用程序的安全、数据安全、设备安全等。除此之外，如何将这些内容组合起来也是必须要考虑的问题。

最后我想再谈一谈政府方面的行动。文部科学省、厚生劳动省与经济产业省联合成立了一个医疗研究机构——日本医疗研究开发机构，我的同事庆应义塾大学的前医学部长末松诚担任首位理事长。后来我问他事情进展的怎么样，他说本以为三省厅合作进行医疗研究，就像是将红黄蓝三种颜色都倒进同一个容器里变成一种混合的颜色一样，但实际上红黄蓝三种颜色却根本没有混合还保持着原来的样子，让他感到非常失望。

我本人目前正负责对利用数字数据的开放数据的规则制定工作，希望不要发生同样的事情。也就是说，需要多个省厅之间相互合作的项目，必须制定共通的政策并实行，这是政府在互联网时代必须面对的课题。

日本GE面向全世界的经营层进行了一项思想调查"GE全球创新趋势报告"（图5），结果表明日本的经营者对利用数据进行创新的意识非常低。

造成这种结果的原因大概是日本纵向的组织结构。但让纵向的组织产生出横向的连接正是互联网的使命和责任，从这个意义上来说，IoT对于日本企业来说是一个非常大的突破，也应该是一个非常具有吸引力的平台（图6）。

但是，让原本纵向的组织结构横向地连接起来并不容易。比如在信息安全方面，政府一方面想要保护国家的安全，另一方面还希望民间企业能够通过全球化来推进经济发展（图7）。

实现纵向与横向的连接才是真正的商业活动与技术的结合。提高品质、拿出证据、导入高级技术、培训用户、创建安全信任。只

图5 日本的经营者对利用数据进行创新的意识非常低

你在公司创新中使用数字数据了吗?

同意将数字数据应用于创新的企业比率

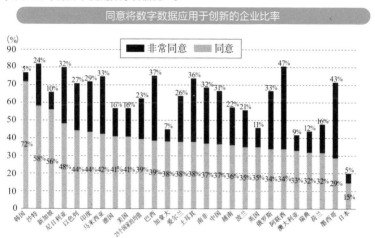

资料:基于GE全球创新趋势报告 2013年全世界经营层的思想调查制作

图6

政府与公民在互联网时代的诉求冲突。

资料: Pro.Jun Murai

图7

解决以上冲突的平台。

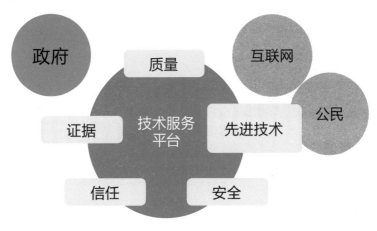

资料: Pro.Jun Murai

有合作双方相互信任才能实现共同发展（图8）。

在数据的使用和监管上要如何把握平衡，是接下来需要考虑的重要课题（图9）。

图 8

构成平台的组件。

质量	· 必须建立良好的质量控制
先进技术	· 必须持续实施先进技术
安全	· 需要较高的安全级别
信任	· 来自政府、网站、公民间的互信
证据	· 有证据支持的评估

资料: Pro.Jun Murai

图 9

IoT 创新服务平台。

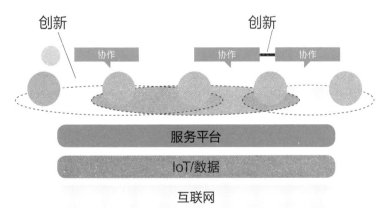

资料: Pro.Jun Murai

【疑问解答】

Q1：我想了解一下您对奇点理论有什么看法。您觉得奇点（Singularity）对人类来说究竟是利大于弊还是弊大于利呢？

村井：奇点指的是AI在发展过程中通过不断地进化实现无限的成长，总有一天超越人类的一个特异点。如今3D打印技术已经可以生产3D的物体，如果这种复制不断重复，那么机器人就能够不断地生产出更加优秀的机器人，到了那个时候人类可能遭到驱逐。根据这种理论，就算未来诞生出能够实现持续自我成长的电子设备也没什么好奇怪的。

奇点理论最近之所以受到关注，是因为在越来越多的领域中人类的劳动都被计算机和机器人所取代。但是，与其说这是AI超越了人类，不如说是人类将可代替的工作交给AI去做，所以并不用太过担心。

至于AI会不会发展出像人类这样的"智慧"，我的观点是不会。比如前文中提到过的隐私问题，规则和约束非常重要。要想将现有的产品替换成个人定制品，在每个3D打印的产品中加入RFID使其能够进行个体识别的流程可以说是必不可少的。

也就是说，要想让产品更有效而且使用起来更安心，人类就必须能够对其进行控制，而控制和运用的方针与技术是完全不同的。AI完全无法制定相应的规则。就以《PL法（产品责任法）》为例，至今都没有一个统一的定论。

所以，像科幻片里描写的那样，AI实现超越人类的成长甚至反过来控制人类的情况，我个人认为是不可能出现的。

Q2：在出租车的雨刷器上搭载传感器监测降雨情况的项目最后取得了什么成果呢？

村井：除了雨刷器之外，我们还从汽车上收集了100多种监测数据，并制定了相应的数据管理规则，这一规则被ITS（Intelligent Transport Systems：智能交通）协会采用，并促成了存储体制和隐私信息管理的ISO标准化的诞生。东日本大地震时，这项数据发挥了巨大的作用。

不过，汽车生产企业迟迟不肯将相关数据公开，各个汽车生产企业只有在进行试验和那次大地震后主动地公开过数据。

比如，与汽车蓄电池相关的数据对今后电动汽车的开发来说非常重要。因此政府相关部门为了实现电池的剩余电量标准化以及让电池与互联网相连而一直在寻求各个汽车生产企业的协助。但有的汽车生产企业却宣称电池的剩余电量只能以10个阶段显示，更过分的是，还提出用"很多""普通""很少"三阶段显示就可以了。这些企业不希望自己拥有的数据被竞争对手知晓，这种竞争意识完全凌驾于提高整个社会的数据准确度这一共享意识之上。

像这种虽然拥有好的想法和创意，但在数据收集阶段却遇到许多困难的情况在各行各业都很常见。

现在经济产业者和总务省正在努力使汽车的数据和移动电话的数据成为社会基础数据，希望大家能够尽量配合。

Q3：在工厂中进行数字化生产的状况下，能够通过签订合同来保护设备数据和顾客信息的安全吗？今后面对全球化的商业环境，这种方法是否存在着局限性，应该如何应对才好呢？

村井：像个人信息保护法这样的法律只是日本国内的法律，所以将来还需要一个在国际上得到公认的相关法律。

另外，在日本已经获得信赖的服务，今后将其发展成为世界标准尤为重要。比如最初我们发现汽车数据会损害个人隐私而通过ISO的国际标准时也没得到任何人的理解。但我们坚持先驱者的使命没有放弃，最终还是使其成为全世界通用的技术标准。

在这种情况下法律也是必不可少的。在ISO和ITU等联合国公认的法律标准范围内决定技术和发展是非常重要的使命。

此外，日本要想在国际舞台上促成对个人数据的管理提案，还可以采取一些外交手段。在金融顾问和医疗设备领域还完全没有数据共享的技术标准。事实上，这是早就应该制定好的。

Q4：随着数字化的发展，印刷也可以数字化打印的话，那么会不会有人利用这种技术来印假钞呢。在这种情况下应该如何制定法律？

村井：现在只要有三张照片就可以实现3D打印，如果有动画的话甚至可以创造出一个3D空间。因此利用这项技术的3D面部识别系统的相关研究也取得了长足的发展。

只要拥有能够寻找相同形状物体的搜索引擎和数据库，那么就可以制作出任何东西。这样以来，当然会出现侵犯知识产权的问题。所以个体识别是非常重要的问题。

在打击犯罪行为方面，除了依靠警察系统之外，美国FAA（Federal Aviation Administration：美国联邦航空管理局）的EAB（Experimental Amateur built aircraft：试验型业余飞机）制度也非常值得参考。

EAB规则这样写道"维护飞机安全不是FAA的工作，而是飞机生产者、所有者以及社会团体的共同责任"。

日本因为有国土交通省的法律规定，飞机只有在绝对安全的条件下才被允许起飞，但在全世界第一个诞生出载人飞机的美国却并非如此。美国认为维护飞机安全不光是政府的责任，而是所有人的责任。所以美国的飞行事业才会得到这么飞速的发展。

能够生产假钞，也就意味着拥有非常高精度的印刷技术，这件事本身是不应该予以否定的。应该像EAB那样，不能将责任全都推给政府，而是要民间和各行各业都联合起来，配合政府部门的行动，采取多样化的管理措施。

Q5：IoT相关的标准化究竟应该以国家为单位还是以地区为单位呢？

村井：与其分为国家和地区，不如分为国家和市场更好。虽然在日本一提起市场标准化，很多人都会首先想到微软和谷歌，并且产生出抵触的情绪。不过，就像TVC公司的（家用录像系统VHS）和Betamax（一种磁带格式在与VHS竞争中失利，后被淘汰）的时候那样，获得消费者支持的一方自然而然就会成为标准。另外我觉得在农业和医疗领域如果大家都能够遵循一定的数据格式，那真是再好不过了。

最理想的状态是即便在没有法律法规的情况下也敢于大胆地进行尝试，然后从中选出最合适的方法作为标准，并以此进行公平、自由的竞争。反之，如果因为没有实现标准化而畏缩不前，会严重阻碍创新的产生，这是最坏的情况。

通过IoT实现纵横的连接之后，究竟会带来怎样的好处，产生出怎样的商业机会，这一切都只有尝试过之后才知道。也就是说，只有大胆地采取行动，才能让这个世界不断前行。

Q6：在开发的新设备上搭载IoT功能的情况下，需要哪些安全功能呢？

村井：在与安全性相关的方面，标准化是最重要的内容。比如Windows操作系统只有XP之前的版本才会遭受病毒的袭击。而在联网之后，只要采取及时升级系统和安装杀毒软件等标准化的操作，就可以保证系统的安全。就算采取了上述操作仍然出现了问题，生产商也会立刻进行补救并且将对策放进标准化的操作流程中，因此作为用户不需要有任何的担心。

与之相比，反而是活生生的人更加可怕。如果公司里混进了商业间谍，或者退休人员能够轻而易举地泄露公司机密，那么不管互联网安全做得多好也没有用。

与IoT安全相关的标准化今后还将得到更进一步的发展，因此对包括员工管理在内的整体安全系统进行投资很有必要。

Q7：IoT将如何改变农业，可以详细地讲解一下吗？

村井：在农业领域，像无人机那样的机器人设备带来的巨大冲击是有目共睹的。

此外，随着能够对农作物进行非破坏性检测的激光技术和传感器技术的发展，今后将会诞生出许多与之前完全不同的商业模式。比如可以利用甜度传感器挑出地里最甜的草莓，以每个1000日元的价格进行销售。这样以来，甜草莓的产地或许也会和之前发生变化呢。

其他还有利用光反射把握分子结构，以及能够把握微妙气味差异的传感器。如今不断地涌现出这样的新技术，因此今后的农业将会发生巨大的改变。

Q8：在IoT中政府的作用是什么？

村井：如果像汽车自动驾驶那样，有谷歌和苹果这样的行业外的新参与者不断加入市场的话，可以说没有什么特别需要政府提供支援的地方。

但也有像手机这样明明拥有非常宝贵的数据，但却找不到使用方法的情况。之所以会出现这种情况，一是没找到具体的使用方法，二是怕承担损害个人隐私的风险。所以建立起一个能够降低承担这一风险的体制就是政府的责任。

此外，因为医疗和健康领域归属于厚生劳动省管辖，而农业则归属于农林水产省管辖，所以从事将医疗和农业相结合的商业活动困难重重。那么政府就应该建立起一个连接厚生劳动省与农林水产省的横轴。要说由谁来承担这项工作，我觉得应该是内阁府。

Q9：在能源领域，像无线充电这样的概念有多少实现了呢?

村井：有不少都实现了。不过能源无线传输的话必须要考虑到对人体的辐射影响，这个问题可不能轻视。我觉得与其勉强追求无线传输，不如将管线铺设在地面下或者墙壁里更现实一些。另外，由于现在直流电网络也已经比较完善，因此先利用太阳能蓄电然后再通过以太网将电力分散出去也成为可能。

今后的发展趋势应该是有线和无线并存的能源传输最优化。

（收录于2016年2月28日 "ATAMI SEKAIE"）

第三章

西门子与德国的新制造业战略（工业4.0）

岛田太郎

| PROFILE

岛田太郎　Shimada Taro

1990年进入新明和工业就职，从事飞机设计大约10年时间。随后进入开发了I-DEAS的SDRC公司（后来与西门子PLM软件整合）就职，从事营销、顾问以及销售工作。2010年4月起就任西门子PLM软件日本法人董事长兼美国总部副社长。2014年起进入德国西门子销售与商业开发部任职，2015年9月起担任德国西门子专务执行干部、数字化工厂事业总部长兼过程与驱动（Process&Drive）事业总部长。

日本的课题是什么

我曾经在德国生活过一年半。要问德国是不是一个宜居的国家，我觉得不是。德国人不管做什么事情进展都非常缓慢。他们总是把"为什么"和"组织会怎样做"挂在嘴边，迟迟不肯采取行动。

虽然从表面上来看日本比德国更有效率，但不知为何德国人最后总是能够拿出令人满意的成果。而且在商品的品质方面，甚至有很多比日本还要好。

所以当德国开始推行工业4.0的时候，德国人思考的问题是"究竟应该怎样做才能在制造领域战胜美国和中国"。为什么是美国和中国呢？只要对各国的GDP进行一下对比就知道了（图1上）。

从过去20年的数字可以看出，中国出现了急速的增长。而从绝对值的增长上来看，美国比中国的增长更为迅猛。

因为在过去20年间，诞生于美国的互联网和数字化在一瞬间就席卷了全球。德国对于如何让自身的强项制造业在未来的竞争中生存下来进行了激烈的讨论，并且成立了几个数字化项目。工业4.0就是其中之一。

在对比日本与德国时，还有一个耐人寻味的图表——从劳动时间看购买力平价GDP（图1）。这是用劳动人口与平均劳动时间除以GDP计算出的数据，简单说就是每个人每小时能够创造多少财富。从这个图表上可以看出，在美国、日本、英国、德国等发达国家中，日本仅高于韩国处于倒数第二的位置。而处于第一位的德国这一数值是日本的大约1.5倍。也就是说，假设日本人工作1小时赚100日元，那么德国人同样的劳动时间就能赚150日元。

德国的一切都实现了标准化。因此任何事情都有固定的规则，绝对不会因为特殊情况而有特殊的改变。但是对于日本来说，任何事情都可以特事特办和随机应变，而且每个人都认为这种做法无可厚非。所以日本在非常宜居的同时，也会产生出大量的无用功。生产效率低下自然在所难免。

虽然德国人以赶中超美为目标，但却并不打算靠延长劳动时间这个办法。下午五点下班，回家陪孩子玩或者放松一下对德国人来说是理所当然的。于是，为了不延长劳动时间，德国举国上下采取

图 1

日本的课题是什么?

GDP (constant 2005 US$)
十亿美元

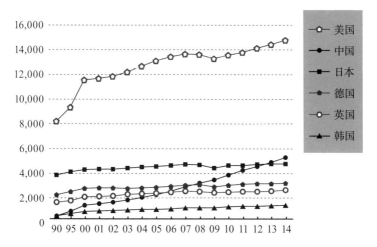

从劳动时间看购买力平价GDP
(constant 2011 international $)

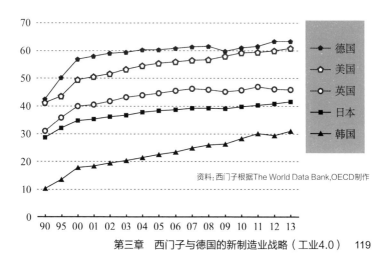

资料:西门子根据The World Data Bank,OECD制作

了更加严格的标准化制度，通过彻底的消除无用功来提高效率。工业4.0就是这一举措的产物。

同时，德国并不急于实现工业4.0。他们在进行许多研究之后，提出了"未来还需要20年的发展时间""这项变革需要30年"之类很理智的目标。因为要想改变一个国家的体质，必须从一点一滴做起，而且不能有任何的疏忽和大意，花费一些时间也是在所难免的。

德国人毕竟是能够花上600年的时间，用石头一点一点建成教会的民族。这种严谨且坚持的作风也可以说是德国的国民性吧。

通往工业4.0之路

接下来让我们来简单地回顾一下德国通往工业4.0的过程（图2）。

18世纪，瓦特改良蒸汽机之后，在此之前要由人力完成的工作都被机械设备取代，第一次工业革命诞生。德国将第一次工业革命称为工业1.0时代。

19世纪后半段，全世界第一条生产线在美国俄亥俄州的辛辛那提出现。这是利用电力实现的批量化生产线，同时宣告第二次工业革命开始。这次工业革命被称为工业2.0时代。在第二次工业革命中，最著名的批量生产产品就是福特T型车。福特T型车只有一种车型，颜色也只有黑色，因为能够大批量生产同样的产品所以价格便宜，很多人都买得起。

工业3.0出现于20世纪后半段，是通过PLC（Programmable Logic

图2

次世代的制造业"4.0"。

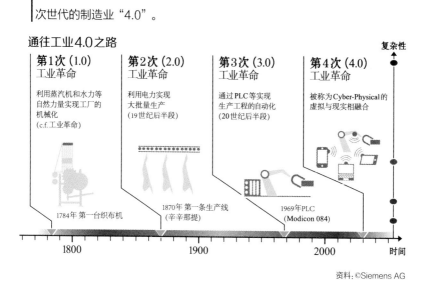

通往工业4.0之路

第1次 (1.0)
工业革命

利用蒸汽机和水力等自然力量实现工厂的机械化
(c.f.工业革命)

1784年 第一台织布机

第2次 (2.0)
工业革命

利用电力实现大批量生产
(19世纪后半段)

1870年 第一条生产线
(辛辛那提)

第3次 (3.0)
工业革命

通过PLC等实现生产工程的自动化
(20世纪后半段)

1969年PLC
(Modicon 084)

第4次 (4.0)
工业革命

被称为Cyber-Physical的虚拟与现实相融合

复杂性

1800   1900   2000   时间

资料：©Siemens AG

Controller：可编程逻辑控制器）实现的生产工程自动化。在此之前虽然也有像继电器电路这样的自动化系统存在，但PLC的特点是可以用一个软件来替换上千个继电器。这样以来，就能够以更低廉的价格生产更多品种的产品。

到了工业4.0时代，互联网和数字化革命使虚拟与现实的融合成为可能。今后可能会出现与之前完全不同的生产方式，非常值得我们期待。

数字化的发展程度

为西门子制定数字化战略的人是我的上司安东·胡佛。 他平常的口头禅是"这种事根本算不上创新""谁都能做到"。

在制造业，IoT的发展非常迟缓。比如在网络方面，由特定生产商的软件和硬件构成的专有软件（Proprietary software：软件的开发者通过限制软件使用者的权限来维护自身利益或者保障安全）还是主流，而没有建立起完善的以太网系统的工厂比比皆是。

智能手机正在不断地发展进化。用不了多久，智能手机的技术就将转变为下一个时代的制造技术。所以我的上司胡佛提出"我们应该主动去思考,当发生那样的变化时自己能做什么、应该做什么,这样一旦真的发生了变化才能够及时地应对"。

按照数字化商业模式的成熟度由高到低对产业进行排列依次是媒体、商业、出行、健康、制造、能源,制造业的排名可以说非常靠后,我认为与其盲目摸索不如多吸取其他行业的优秀经验,这才是最有效率的做法(图3)。

图3

数字化的发展程度。

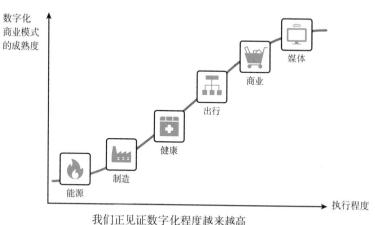

我们正见证数字化程度越来越高

资料:Accenture

工业4.0为什么必不可少（图4）

德国的制造业要想提高竞争力赶中超美，必须把握住三个关键点。

第一个是"先人一步进入市场"。

这就需要提供目前市场上没有的全新产品，并且在满足复杂化要件的同时能够实现大批量生产。

第二个是"提供符合顾客需求的产品"。

这一点用英语来说就是"Mass customization"（大规模定制），关键在于通过敏锐的直觉，在急剧变化的市场之中找出消费者的需求并且高效地提供相应的产品。

第三个是"以最低的成本提供产品"。

提供定制产品其实并不难，只要完全按照用户的需求进行生产即可。但是，这种生产方法必定会导致成本上升。而高昂的成本无法在竞争中获胜。所以，除了定制之外，还需要模块化与标准化，实现低成本的大规模定制。

図4

工业4.0为什么必不可少。

强化竞争力

| 先人一步进入市场 | 提供符合顾客需求的产品 | 以最低的成本提供产品 |

●提供目前市场上没有的全新产品
·满足复杂化要件
·大批量生产

·从顾客的需求出发
·在急剧变化的市场中
·以较高的效率
·提供相应的产品

·节能与最大化利用现有设备

必须以最快的速度、最低的价格、提供符合顾客需求的产品

资料：©Siemens AG

制造业的进化（图5）

让我们来回顾一下制造业的进化过程。19世纪50年代，因为当时的产品都是手工生产的缘故，所以产品的种类非常多。只要客户提出要求，生产者都能够给予满足。不过，手工生产的局限性在于产量不高。

后来随着福特T型车的出现，产品的多样性越来越低，制造业整体向单一品种大批量生产的方向发展。在德国，大众的甲壳虫汽车可以说是这种大批量生产的巅峰之作。

大批量生产之后就是混流生产（Mixed production）。混流生产虽然降低了单一产品的产量，但却使产品的种类开始增加。

2000年以后的制造业呈现出更加复杂的状态。首先是随着全球化的发展，产品在产量增加的同时种类也在不断地增加。另外，

图5

制造业的进化。

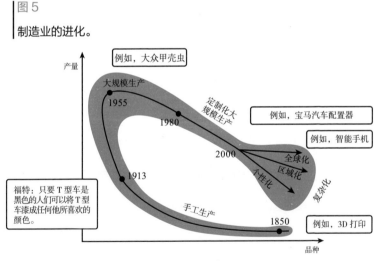

资料：西门子根据The Global Manufacturing Revolution制作

根据不同国家和地区的特殊情况，专门面向特定地区定制的产品和针对消费者的特定需求专门面向特定人群定制的产品也随之出现。面对这样的情况，制造业必须要拥有一定的灵活性，否则很难生存下去。

此外，除了更低的成本和更丰富的种类之外，能够灵活地调整产量也非常重要。比如某种产品供不应求，但却没办法增加产量，这样就会白白地错失机会。

反之，如果某种产品之前一直销量很好，但当企业为此专门扩大了生产线之后，产品的销量却一下子下降了，那将对企业造成巨大的损失。

某汽车公司在2008年雷曼危机之后销量剧减，立刻陷入了产能过剩的困境之中，用了好几年的时间才好不容易恢复正常。

后来这家公司总结经验，不再大规模地进行设备投资，只在出现增产需求的时候按需启用设备，从而避免了重蹈覆辙的风险。

这正是使制造业实现模块化的状态，也是通往工业4.0的必经之路。

西门子基于大趋势的战略（图6）

西门子在制定战略的时候最重视的就是"大趋势（Megatrends）"（能够影响世界形势的宏观经济动向）。如果能够准确地把握大趋

图6

西门子思考的未来。

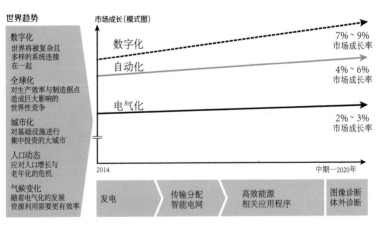

世界趋势	市场成长（模式图）
数字化 世界将被复杂且多样的系统连接在一起	数字化 — 7%～9%市场成长率
全球化 对生产效率与制造据点造成巨大影响的世界性竞争	自动化 — 4%～6%市场成长率
城市化 对基础设施进行集中投资的大城市	电气化 — 2%～3%市场成长率
人口动态 应对人口增长与老年化的危机	2014 ～ 中期—2020年
气候变化 随着电气化的发展资源利用需要更有效率	发电 / 传输分配 智能电网 / 高效能源 相关应用程序 / 图像诊断 体外诊断

资料：©Siemens AG

势，并且紧跟大趋势，那么公司将会基业长青。

我在西门子工作了九年，"大趋势"都没有发生太大的变化。因为西门子重视的大趋势是非常具有普遍性的。

西门子重视的大趋势具体包括以下5点。

1. 数字化转变（利用数字与IT的力量进行转变）；

2. 全球化（社会与经济的关联打破传统的国家与地区的框架，扩大到全球规模引发各种各样的变化）；

3. 城市化；

4. 人口动态；

5. 气候变化。

以这些大趋势为基础思考应对的方法，这就是西门子的战略。

比如，以气候变化为基础进行思考，就会找到发电这一突破口。这也是西门子为什么对风力发电项目投入大量资金的原因。

应对人口动态的就是健康产业。

而对于城市化这个大趋势来说，输电网络、建筑科技和能源管理等基础设施事业是必不可少的。

与全球化、数字化以及城市化都相关的事业就是自动化工厂。

　　在上述这些大趋势之中，西门子投入力量最多的就是数字化。从市场趋势来看，自动化的市场成长率为4%~6%，电气化市场的成长率为2%~3%，而在数字化领域，市场成长率预计将达到7%~9%。

　　基于这一战略，西门子大胆地进行了事业组合的更替（图7）。1999年时，西门子在工业、能源以及健康产业的比重分别是28%、16%和6%，而其他事业的比重为50%。但现在工业、能源以及健康以外的其他事业所占的比重只有6%。因为西门子将资源全都集中在这三个主要方面，其他事业则基本都卖掉了。

　　西门子曾经有个汽车电子零件部门叫做VDO。这个部门是我的上司一手创建的，也是他本人决定将这个事业卖掉。当时VDO的利润率约为7%，这个数值相对来说是比较高的。即便如此西门子仍然决定将该事业卖掉，原因只有一个，那就是"不符合西门子的战略"。

　　顺带一提，要想将事业卖掉，一定要趁事业还盈利的时候。因为只有在还盈利的时候将事业卖掉才能够赚取最多的利润，这样公司就有足够的资金投入到数字化事业当中。

图 7

西门子的事业组合更替。

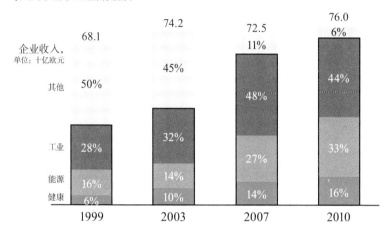

企业收入，
单位：十亿欧元

	1999	2003	2007	2010
合计	68.1	74.2	72.5	76.0
其他	50%	45%	11%	6%
工业	28%	32%	48%	44%
能源	16%	14%	27%	33%
健康	6%	10%	14%	16%

资料：©Siemens AG

　　在德国，写着"西门子"商标的广告牌随处可见。西门子的家电也到处都是。但实际上，这些并不是西门子制造的产品。

　　比如西门子早就将家电部门出售给了博世，所以准确地说这些家电应该是博世牌的，但在德国西门子的名气更大，因此博世继续沿用了西门子的品牌。我在德国生活的时候也购买过一台并不是由西门子实际生产的"西门子"洗衣机。

　　不过，因为西门子会从这些企业收取一定的品牌使用费，所以公司内部也鼓励员工去购买西门子品牌的商品。

西门子曾经在手机领域取得过巨大的成功。特别是在德国政府推行GMS（第二代移动通信技术）标准化的时候获取了巨大的利润。但是，这项事业也已经被西门子卖掉了。

基本上来说，西门子的目标是成为一个以提供基础设施为主的公司，而除此之外的B2C事业，哪怕是由自己一手创建的也坚决出售。

通用电气之所以将拥有悠久历史的全世界最大的照明企业之一欧司朗卖掉，也是因为其与基础设施事业偏离太远。

西门子早在十五六年前就看准了数字化

如果你问西门子的员工是否能够在效率上胜过韩国企业，他们的回答肯定是"德国人没有那么高的效率"。但他们会补充说"我们不以效率取胜，只要集中精力在能够发挥自身强项的商业模式上就好了"。

那么，西门子的强项究竟是什么呢？那就是他们很擅长生产进入壁垒极高的产品。实际上西门子也将事业都集中在这一领域（图8）。

比如电力与天然气事业、风力发电与可再生能源事业。特别是风力发电事业，西门子通过不断收购，如今已经拥有接近世界第一大的规模。

然后是能源管理、建筑科技等基础设施事业、火车等交通事业、健康管理和金融服务等事业。

紧接着就是数字化工厂、过程与驱动事业。这两个事业总部紧

图8

市场驱动且结构扁平化的公司将会在价值链上找到增长机会。

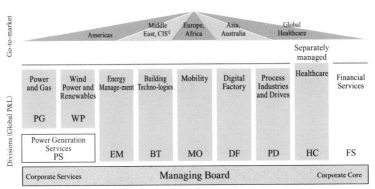

资料：©Siemens AG

密相连，关系到工厂内部的自动化。以前，数字化工厂事业总部叫做自动化与驱动（Automation & Drives）总部。但社长有一天忽然宣布"西门子要成为软件公司"，然后就改成了现在这个名字。这是西门子第一次将数字化组合进事业名称之中，表明了西门子将举全公司之力推行数字化的决心。

西门子的整体销售额大约为11兆日元。其中数字工厂、过程与驱动这两个事业总部的销售额为3.5兆日元，约占总销售额的三分之一。我是第一位担任这两个事业总部负责人的日本人。

西门子推行数字化的第一步，是2001年收购了一家名为ORIS的软件公司，这家意大利的软件公司主要开发工厂自动化执行系统（图9）。

2007年，西门子又收购了一家名为UGS的软件公司，数字化部门瞬间扩大。在此期间，西门子进行了许多收购，从2001年到2007年西门子用于收购的资金高达5000亿日元。

近年来工业4.0引发了巨大的关注，数字化与自动化工厂相融合的讨论也突然变得激烈起来，但西门子其实早在十五六年前就已经在这一领域发力了。

图9 西门子的战略：体现未来的制造业

通过收购实现系统化事业组合扩展的历史。

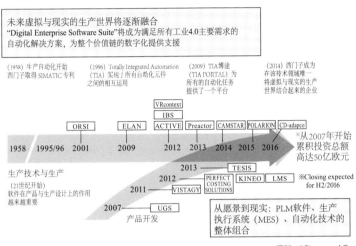

资料：©Siemens AG

西门子的产品群与工业4.0的相关领域

接下来我将为大家介绍一下西门子的产品群（图10）。在工厂层面（Field-level），西门子拥有电动启动器和RFID传感器等产品。事实上，西门子生产了非常多的RFID，基本上都是面向工厂的产品，从每个1~2日元的廉价品种到价格很高的高级品种应有尽有。

除此之外还有变频器和运动控制系统。其中运动控制系统包括能够对纸浆纸进行控制的很大的机械设备，纸尿布就是在这一领域很有发展前景的产品之一。

然后还有名为SINUMERIK的CNC设备，这是工作机械的控制器。另外还有PLC和HMI（Human Machine Interface：人机接口）等。

除了上述产品，还有西门子投入巨额资金收购的软件公司开发出来的软件产品。

日本人可能都不太知道，西门子其实也是一家网络公司。如果说思科是办公网络领域的龙头老大，那么在工厂网络领域，西门子就是全世界规模最大的企业。西门子之所以在IoT领域受到全世界的关注，凭借的就是其工厂网络事业。

请看图11。这张图表显示的是在推行工业4.0之后，哪些领域会受到怎样的影响。

比如要想实现工业4.0，人力资源以及公共IT基础设施等就变得非常重要。而且具体的设备、物流以及供应链等也变得同样重要。

但是，西门子并不打算亲自涉足工业4.0的所有相关领域，实际投入力量的只有工业控制系统、传感器与执行机构以及PLM等数字化软件，也就是图上的深色部分。所以西门子在对工业4.0进行说明

图 10

西门子的工厂自动化概念。

| 企业层面 ERP PLM | | NX Product Development | TEAMCENTER Collaborative PDM | TECNOMATIX Digital Manufacturing | ERP PLM |

| 管理层面 MES Plant Engineering | | | SIMATIC IT Production Suite | SIMATIC IT R&D Suite | SIMATIC IT Inteligence Suite | COMOS Plant Engineering |

运营层面 PCS 7 SCADA

控制层面

工厂层面

SIMATIC NET Industrial Communication

Wireless LAN

SIMATIC WinCC SCADA System

SIMATIC Controllers | SIMATIC HMI | SINUMERIK CNC | SIMOTION Motion Control

SIRIUS Industrial Controls | SIMATIC IDENT Industrial Identification | SIMATIC Distributed I/O | SINAMICS Drive Systems

TIA博途 Engineering Framework for Automation Tasks

资料：©Siemens AG

图 11　工业 4.0 影响的价值链

西门子只在特定的领域投入力量。

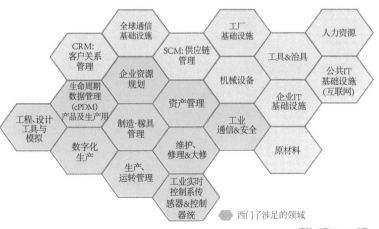

资料：©Siemens AG

的时候，一定会明确地说明"这些是我们正在进行的部分""这些是我们没有进行的部分"。其他企业在说明的时候往往喜欢夸大其词，宣扬"只要是与工业4.0相关的内容我们公司都在做"，但西门子绝对不会这样做。

实现智能创新的变革力（图12）

那么，在推行工业4.0的时候具体都需要什么呢？

第一个就是IoT。如今，关于IoT的讨论可以说非常热烈，从工业4.0的观点来看，IoT是实现工业4.0必不可少的工具之一。

第二个是云技术。云技术能够让许多东西实现共享，使之前做不到的事情都成为可能。

第三个是3D打印技术。在进行大规模定制的时候，3D打印技术发挥着非常重要的作用。在这一领域西门子也进行了非常深入的研究，最值得我们关注的就是金属的3D打印。金属增材制造的收益在近10年来增加了4倍。以燃气涡轮为例，利用3D打印技术可以制造出之前做不出来的形状，从而使燃气涡轮的效率提高1%~2%。因为燃

图 12

实现智能创新的变革力。

变革力	改善率	对2025年经济的影响
物联网	过去5年间连接的设备数增长了300%	36兆美元相关主要行业的运营成本
云技术	SMAC※1的用户数在2025年将达到几百亿人	1.7兆美元互联网相关的GDP
3D打印技术	过去10年间增材制造的收益增长了4倍	11兆美元全世界制造业所占的GDP
知识自动化	智能信息终端的用户数量超过4亿人	9兆美元以上知识工作者的劳动成本
尖端机器人	CAGR※2、2010~2016年的产业用机器人的年平均成长率为8%	6兆美元制造业工人的劳动成本

※1 SMAC: S（Social Service）M（Mobile）A（Big Data Analystics）C（Cloud）
※2 CAGR: Compound Average Growth Rate（综合平均增长率）

资料: Mckinsey Global Institute research 2013

气涡轮消耗大量的能量，因此即便只提高1%~2%的效率也能够节省大量的燃料。

除此之外，对于单一用品和备用零件的补充，也可以通过网络将设计图传送到现场然后利用3D打印技术来直接进行制作。

西门子最关注的部分是提高3D打印技术的实用性。现在的3D打印技术还只停留在打印实验器具的阶段。如果每次打印都需要人类亲自设置材料、确认运转情况、取出完成品的话，那显然是不行的。要想大批量地进行生产，机械设备必须能够自动化工作。另外，3D打印出来的产品还需要进行严格的检查。现在的3D打印成品经常会出现气泡，也就是说完全没有达到实用的标准。为了避免出现气泡，必须在打印过程中进行检查，提高打印精度。对于西门子来说，这正是其最擅长的领域。目前西门子已经开始通过在3D打印机中加装自动化零件来提高其实用性。

第四个是知识自动化，也叫作AI（Artificial Intelligence）。AI通过深度学习已经实现了飞跃性的进步。

我以前从事飞机设计工作的时候，上司让我做AI方面的负责人。当时用的还是专家系统（Expert System）。就是需要人类花费很多的时间教软件"应该这样做"，AI才会逐渐地变得聪明起来的系统，实际使用起来非常麻烦。

与之相对的，现在的AI可以通过不断地试错来从失败中学习经验，实现自主化的成长，这就是深度学习。

第五个是尖端机器人。利用能够进行深度学习的AI制造出能够自主学习的机器人，就可以使机器人与人类一样拥有自主工作的能力，今后这样的事例将会越来越多吧。

数字化事业

虽然随着AI的发展出现了许多令人兴奋的新技术，但西门子并没有将力量投入到这一方面。西门子关注的重点是"数字化事业"。换言之，就是创建一个从产品的设计到服务全都包括在内的数字化平台。

如果没有数字化平台，那么就算想利用云技术进行计算，信息也没有办法传递出来。也就是说，如果生产现场没有数字化平台，那么不管多么先进的技术也派不上用上。所以西门子才致力于打造一个功能完善的数字化平台（图13）。

其中一个数字化平台是被称为PLM（product lifecycle management：产品生命周期管理）的集产品企划、设计、模拟、工程设计、设备设计于一身的软件群。另一个是进行生产计划、品质管理、生产、监测、可追溯以及改善的MES/MOM（Manufacturing Execution System：生产执行系统，Manufacturing Operation Management：生产运营系统）的软件群。还有一个是西门子原本就很擅长的序列控制

图 13　西门子的战略 提供数字化事业

创造一个能够让所有人都能够获得所有对自身有用信息的环境。

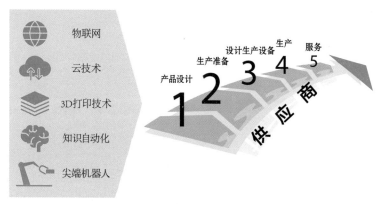

物联网

云技术

3D打印技术

知识自动化

尖端机器人

产品设计　生产准备　设计生产设备　生产　服务

1 2 3 4 5

供应商

如果生产现场没有数字化平台，不管多么先进的技术也派不上用上

资料：©Siemens AG

和输入输出、监控、变频器、运动控制、马达控制等整合自动化产品。将上述三者合为一体就是数字化事业。

但实际上，上述三者是任何制造业都正在使用和实施的做法，可以说没有一点新东西。

那么数字化事业的特别之处究竟在哪里呢？

第一个是能够实现全球化覆盖。不管你在世界上的任何一个地方，都能够进行设计并且立刻生产。

第二个是PLM和MOM与工厂自动化能够整合为一体（图14）。这样以来，设计完毕之后立刻就能够在工厂进行生产。

现在的情况是，当设计完成之后立刻制作名为BOM（Bill of Material）的物料清单，然后在购买的数据库中加入工程的相关信息，这项工作完成后就可以对工厂下达作业指示。虽然还需要走一遍MES流程，但因为在数字化平台的帮助下可以同时进行PLM与MOM的信息准备工作，所以当设计完成之后工厂就可以立刻开始生产。

如果顾客提出"想使用特定生产商的芯片和零件"，那就需要对设计进行变更。而要对设计进行变更，需要收集许多相关的信息。等收集完足够的信息并且完成设计变更的时候，工厂也同时做好开始生产的准备了。

在"开放且整合的共享环境"下，充分利用先进的IT技术也是数字化实业的特征之一。纵观现在日本制造业的生产环境，大多采用的是非常古老的体制，而且完全没有整合起来。

因此，如果能够将这些古老的体制更换为先进的IT技术，并且使其能够顺利地与外界进行信息交流，一定能够提高日本制造业的生产效率。

数字化事业还有一个特点，那就是能够在极高的安全环境下提

图 14 数字化事业平台

PLM、MOM与整合自动化。

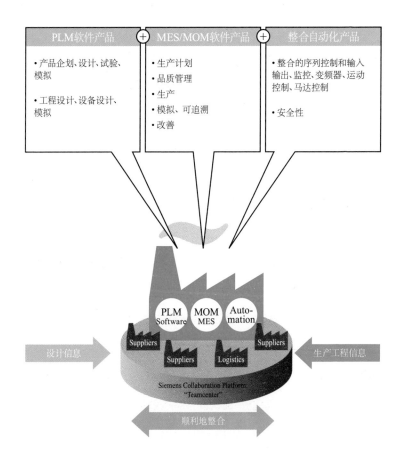

供信息。过去因为工厂并没有连接起来，所以不必太担心安全性问题。但今后工厂将通过网络连接起来，进行许多信息交换，安全性就变得非常重要了。

或许有人会说，与其自己建立数字化平台，直接从其他公司购买数据库岂不是更方便吗？事情可没有那么简单。因为在生产过程中存在着许多实际的问题，给这些问题都安排一个合理的解决方案显得非常重要。

工程与生产设备、PLC设计的整体情况（图15）

接下来我将为大家简单地介绍一下在工厂之中缩短从设计完成到开始生产之间时间的方法。

在整体设计完成之后，接下来的流程顺序是工程设计→工程模拟→生产设备、工具、治具设计→工厂安排。然后是电气设计和控制设计。这里就需要电气线路图和PLC登场了。

最后是试运行。也就是确认设备是否能够在工厂中实际进行使用。对于上述的所有内容，西门子都会尽可能地利用软件来完成。

图15 工程与生产设备、PLC设计的整体情况

将设备、电气、PLC设计在Teamcenter和NX上进行整合的体制。

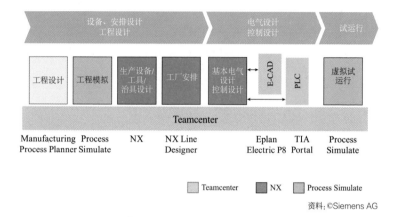

资料: ©Siemens AG

全世界性能最高的CAD系统NX与西门子的TIA博途

如今，西门子正处在从硬件企业向软件企业转型的过程当中。比如从设计用软件CAD系统的使用情况上来看，有大约一半汽车企业用的是西门子的CAD软件，有大约八成的汽车企业用西门子的数据库对CAD的数据进行管理。也就是说，大约有八成的人使用西门

子的软件进行生产模拟。

最近CAD的性能又得到了提升，可以在3D图上直接进行尺寸与形状的变更。那么要是有一个能够对工厂进行扫描并且进行CAD定义的机器人的话将会发生什么呢，想必大家的心中已经有答案了吧。

西门子是全球范围内市场占有率第一的PLC的生产商。

PLC最早出现于20世纪70年代，标志着工业3.0的诞生。但当时PLC还没有实现将软件全都整合到一起的功能，不同的机械设备运行的都是不同的软件。

从1995年开始到2010年，西门子一直在进行数据库的整理工作。而最终取得的成果就是使PLC、HMI等在此之前必须分别运行的系统能够在同一个环境下运行。

2010年以后，能够将网络构成信息、诊断信息、数据管理和安全统一起来的TIA（Totally Integrated Automation：全集成自动化）得到了长足的发展，进一步强化了软件的功能（图16）。这样以来，像控制器和HMI之类的驱动程序就都可以在相同的环境下运行。在这一领域，西门子的市场占有率也是第一。

要说接下来还会有什么发生变化，答案就是软件。具体来说，软件与自动控制器的直连将成为可能。

假设我们要设计一个将四方体的箱子从右边搬运到左边的设备。只要将摩擦系数和重量输入进CAD系统之中进行模拟，就能够计算出需要多大的扭矩。

然后将这个数值直接输入进数据库，搜索"要想以最低的成本实现这个扭矩需要怎样的马达与驱动组合"，软件就会自动计算出

图 16　西门子的 TIA 博途

从生产系统的设计到维护的全方位引擎框架。

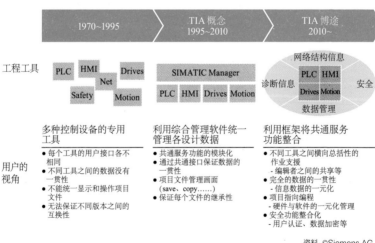

资料: ©Siemens AG

"这个马达最合适"。像这样在真正制作硬件之前先用软件进行模拟，就可以提前找出可能存在的问题并加以解决。

事实上，在此之前也有类似的模拟工具，但西门子与众不同的一点就在于能够用实际存在的控制器来进行模拟。

过去要想进行模拟只能拜托电气负责人或PLC负责人提供帮助，如果一直得不到想要的结果，就必须重新回工厂进行调整。但西门子利用真实存在的PLC进行模拟，可以直接获得工厂的反馈数据，从而节省大量的时间和精力。

在2015年汉诺威工业博览会上，西门子向前来参观的德国总理默克尔展示了专属香水的制作过程。只要在平板电脑或智能手机上输入"我想要这种感觉的香水"，机器就会自动地进行制作（图17）。

一般情况下这种机器能生产18种不同的产品就已经很了不起了，但参展汉诺威工业博览会的这台机器却能够生产出5.6万种产品。

要想做到这一点，首先需要将这台机器的每个功能分解成许多个可以随意组合的模块。

然后将模块化的部分相互组合，通过在工厂内的试运行来对生产效率等进行详细的模拟。这样以来，就可以知道这台机器能够生

图 17

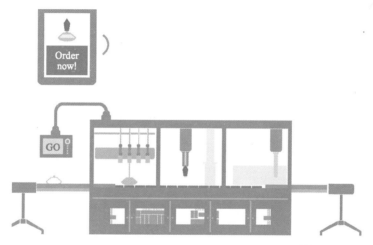

资料: ©Siemens AG

产什么种类的产品，需要多少时间。

另外，由于机器的模拟运行是由实际对机器进行操作的PLC直接进行的，所以还可以预先发现机器在工厂里实际运转时可能出现的问题。

提供开放的云平台（图18）

　　西门子还是全世界最大的工厂网络公司。在IoT领域与SAP HANA一起提供云平台服务。

图18

西门子基于SAP HANA的技术，为产业界的客户提供开放的云平台。

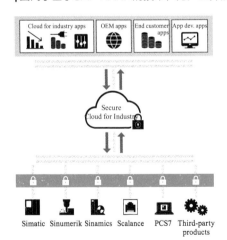

除了能源与资源之外，还可实现计划与设备的最优化

- 将西门子与第三方的产品链接起来的公开标准（OPC）
- 西门子产品的Plug-and-play整合（TIA博途）
- 为每个客户提供连接应用程序的开放接口的产业向云服务
- 顾客可以选择适合自己的云技术，公共云服务、私人云服务、业务解决方案
- 根据使用情况收费（Pay-per-use）、透明性极高的收费模式
- 能够应对全新的商业模式（比如按照时间单位租赁设备）

资料：©Siemens AG

事实上，早就有客户提出希望能够通过云技术共享工厂内的维保信息，而西门子也早就向这些客户提供了云平台服务。

现在西门子的云平台上连接了30万台设备的控制器。今后这个平台将变成开放式的平台，供所有人使用。

比如，只要工厂方面通过计算机连接到互联网，就可以从其他公司生产的设备上收集信息。而且未来任何人都可以在云平台上开发应用程序。

云服务一般情况下都是由软件公司提供的。最早也是软件公司提出"将所有数据都存储在云平台上"这一概念。但当有用户问"将数据存储在云平台上之后做什么呢"时，软件公司却给不出一个完美的解答，只会说"这个问题请你自己考虑"。这就让用户陷入了困境。

但西门子本身就是工厂设备生产商，所以西门子能够根据从工厂中获取的数据向用户提出"从统计学上来看，因为频繁出现这类情况，所以请检查这个部分"之类的建议，或者给出"通过与上一个流程进行比较能够看出这些变化"之类的分析结果，这正是西门子的强项。西门子将其命名为云系统。

很多企业都认为应该拥有自己的云平台，但这样做非常麻烦，并不现实。因为不同种类的设备需要对应不同型号的云平台，在设备种类繁多的情况下访问起来就非常麻烦。而且有时候一台设备出现故障，问题可能出在前一道工序的设备上。在这种情况下如果两台设备分属于不同的云平台，就可能会对生产效率造成巨大的影响。但西门子提供的云平台，可以通过一个统一的接口进行各种各样的操作。

利用工厂网络削减成本

工厂网络中最重要的一点是以太网（计算机网络的标准之一，是当前应用最普遍的局域网技术）的普及。虽然现在实现以太网化的工厂屈指可数，但今后随着IoT的普及，从工厂收集数据和信息的需求越来越高，到那个时候所有的工厂都将不可避免地以太网化。

但是，如果无法保证时效性的话，以太网就失去了意义。因此西门子提供了一个名为PROFINET的，基于以太网技术标准并能够传输实时数据的以太网。这样以来，就可以将基本的以太网线与实际的产业用设备连接到一起并对其进行控制（图19）。

　　现在工厂在导入IoT之后的普遍做法是在原有设备的基础上再增加几条新的网线，但这样就会导致工厂内部的配线变得更加复杂和混乱。而PROFINET只需要一根线缆就可以对整个工厂的设备进行控制和信息交换与收集。一般情况下，使用PROFINET之后工厂内的线缆长度将缩短到原来的三分之一。

　　使用PROFINET实现工厂的以太网化还有节能的效果。因为工厂

图19

PROFINET的特点

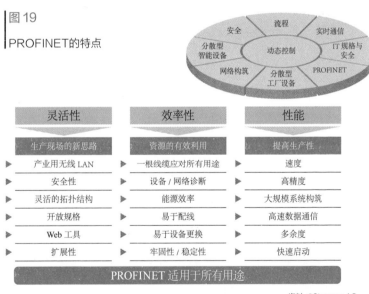

资料：©Siemens AG

中使用的设备大多都是精密仪器，所以不能突然关闭所有的电源。于是就导致经常出现不使用的设备仍然开着电源的情况。这显然会造成能源的浪费。但是，如果能够通过网络对设备的运转情况进行检测，就可以及时地关闭不使用的设备的电源，从而达到节能的效果。

德国在2004年的时候就与汽车企业达成协议，用PROFINET实现工厂内的以太网化。所以德国随时都可以通过IoT来获取想要的信息。中国也在2014年的时候提出利用PROFINET使工厂实现以太网化。

从目前的趋势来看，将来完全有可能直接在云平台上操纵工厂内的控制器。到了那个时候，工厂内的设备都将搭载有传感器，可以在云平台上进行PLC之类的序列控制，那么对工厂的投资将大幅降低。现在的问题就是如何实现以太网化。对于这个问题，大众汽车的例子很值得我们参考。大众汽车将工厂里陈旧的冲压生产线都更换为电气化生产线，从而削减了40%的能耗。

冲压生产线必须按照固定的顺序统一运转，所以一般情况下都是用大型发动机带动传送带使其能够保证同时运行。而大众汽车则用多个小型发动机代替大型发动机，利用软件使小型发动机实现同步运转。

　　老式的冲压生产线只在启动的一瞬间需要大量的电力，在运转中过程中则不需要那么多的电力，这就造成了电能的浪费。将大型发动机替换为多个小型发动机之后能够极大地节约电能。顺带一提，这项技术是西门子的专利。而且，将一个大型发动机替换成多个小型发动机，还可以对每个冲压的时间进行细微的调整。这样就可以使生产线变得更加灵活，能够应对各种突发的情况。

　　因为汽车的冲压机使用频率高、工作强度大，所以损耗导致出现故障是在所难免的。故障导致生产线停止会造成上亿日元的损失，所以时刻对设备的震动与电压情况进行监测并及时地维保非常重要。如果工厂能够实现网络化，就可以通过传感器来收集所需的信息，简单且低成本地实现及时维保。

【疑问解答】

Q1：日本与德国不同，机械设备、机器人以及PLC的生产商完全不一样，应该如何应对呢？

岛田：正如去年PROFINET和CC-Link发表了合作声明一样，在IoT与工业4.0的浪潮中，日本今后也会愈发意识到开放的重要性。

Q2：西门子的数据和应用程序能放进NTT和亚马逊这种其他公司的云平台上吗？

岛田：可以的。但更准确地说，西门子主要提供云平台和PC网络，而托管部分和应用程序多由其他企业提供。

Q3：对于德国政府提出的工业4.0，西门子有哪些相关措施和方针？

岛田：虽然工业4.0是由德国政府提出的，但西门子并不想让其拥有太多的政治色彩或者有太深的国家印记。因为毕竟西门子是一个全球化企业，想在全球范围内展开商业活动。

当然，西门子作为德国的支柱企业必须为国家做出自己的贡献，但绝对不会像曾经的GMS那样为了自身的利益而制定对自身有利的基准。西门子最常对德国政府提出的建议就是"开放化"和"制定大家都能够应用的标准化"。

Q4：未来能够实现超越城市甚至国家范围的网络吗？

岛田：工业4.0最重要的一点就是创造一个虚拟的世界，因此超越城市甚至国家范围的网络是完全有可能实现的。

另外，具有互补关系的中小企业经常组成集团进行共同采购。德国政府也考虑利用这些已经存在的平台。

Q5：面向办公室的网络企业为什么难以进入联网机械设备市场？

岛田：原因之一是缺乏实时性。

还有就是工厂处在噪音和震动都非常剧烈的环境之中，与安静的办公室环境截然不同。西门子对于如何在工厂环境下进行网络处理拥有丰富的经验。

另一个原因是网络的连接方式不同。一般的网络环境由网线连接，但工厂里的网络需要环状连接，因为工厂的设备最重要的一点就是绝对不能停止运转。所以那种拔掉一个插头就会导致网络断路的网络模式在工厂里是绝对行不通的。

Q6：许多大企业已经开始推行工业4.0和数字化，那么今后要如何在中小企业中展开呢？

岛田：首先要从企业内部的模块化和标准化开始。这一点其实大家也都很清楚了。但是很多人都以"我们也想这样做，但没有时间""实现共通化确实很好，但我们已经有类似的流程""我们还有其他更紧急的事情需要处理"等为借口，迟迟不肯开始行动。我认为，只要做好模块化和标准化，就算想大量地更改体制，也一样可以迅速而有效地执行。

Q7：在西门子看来，要想推行工业4.0都应该采取那些措施呢？

岛田：一个是网络，另一个是软件，特别是数据库。这两个可以说是工业4.0的起点，是最重要的部分。

Q8：不同行业推行工业4.0的方法和普及方法有区别吗？

岛田：有。普及工业4.0最快的行业是汽车行业，因为汽车行业的资金比较充足。其次是需要以较短的循环周期不断拿出新产品的行业。

反之普及工业4.0较慢的是像石油、天然气等流程产业。

食品、饮料行业比较特殊。但在像日本这样要求不断推出新产品的市场，工业4.0的技术应该非常有效。

Q9：中国的数字化平台普及情况如何？

岛田：中国的进展速度非常快。日本有很多遗留资产，所以一直采取的是保守的做法。而且各个行业都很分散，缺乏整合性，想统一非常难。

但中国相当于白手起家，所以能够一口气导入先进的数字化设备和流程，效率非常高。

德国就有很多和日本相似的地方，为了解决这些历史遗留问题德国也花费了不少力气呢。

Q10：能够实现按需提供服务吗？

岛田：基本上来说就是模块化与整合化，将原本需要3台设备的工作变成只要一台设备就可以完成，从而实现降低成本的目的。所以按需服务是完全可能的。

不过，要想使按需提供服务得到普及，就必须采取按用量收费的商业模式。另外，很多中小企业的经营者不愿意为软件这种看不见摸不着的东西掏钱，但实际上，软件的价格和机械设备相比可是便宜多了。与保持大型设备持续运转相比，通过导入合适的软件来消除无用功节省成本岂不是更划算。

也就是说，应该先搞清楚ROI（投资回报率）然后再做决定。

Q11：医疗用品生产线与工业4.0之间有结合的可能吗？

岛田：医疗用品的管理非常严格，如果让相关信息实现简单的可追溯就是第一个问题。事实上，西门子已经拥有一个对认证和品质信息以及药物成分进行管理的专用产品，叫作CAPA。

医疗用品行业并不是那种接连不断推出新品的行业，所以这个产品的普及应该只是时间问题。

（收录于2016年2月28日"ATAMI SEKAIE"）

第四章

汽车的自动驾驶
与智能交通系统的
新形态

维尔纳·凯斯特勒

PROFILE

维尔纳·凯斯特勒　　Werner Koestler

1991年入职奥地利维也纳的爱立信公司。

1992年入职西门子汽车公司，担任项目经理、流程经理。

2004年成为西门子总公司董事会成员的行政助理。2005年担任西门子VDO亚太总部的企业战略部长，2010年被调到大陆集团日本分公司，担任车身与安全事业部亚洲OEM商务总裁。2014年5月起担任大陆集团内饰部门战略与业务高级副总裁。

移动系统的变化要因

大陆集团（Continental Corporation）是成立于1871年的汽车零部件生产商。今天我想和大家一起分析一下汽车以及汽车生产商在不远的未来将会出现怎样的变化。

毫无疑问，这一领域必将迎来翻天覆地的变化。共享汽车、共享单车、微移动（Micro mobility）、自动驾驶出租车、电动汽车等，可以说在我们的身边随处可见改变的前兆（图1）。

引发变化的主要原因分为内在和外在两方面，外因包括城市化的发展、人类对更简单和更安全移动方式的需求、低价格化、与网络的连接性等。内因包括管制的放宽、传动系统的电动化、自动驾驶技术的进步、IoE的普及、资源问题等。

其中造成影响最大的当属IoE的飞速发展。预计到2020年，IoE的经济规模将达到约6兆美元，届时与互联网连接的设备数将达到500亿，其中互联网汽车（搭载有无数传感器并且时刻与互联网相连的

图1 全新的移动系统

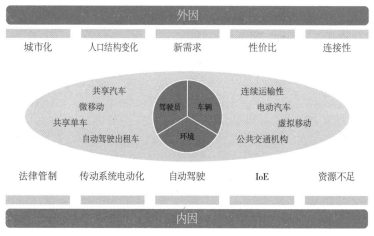

外因

城市化　人口结构变化　新需求　性价比　连接性

共享汽车
微移动
共享单车
自动驾驶出租车

驾驶员　车辆
环境

连续运输性
电动汽车
虚拟移动
公共交通机构

法律管制　传动系统电动化　自动驾驶　IoE　资源不足

内因

资料：Werner kostler ©Continental AG

汽车）的数量约为2.5亿辆（图2）。这些汽车都拥有只属于自己的IP地址。

现在全世界每年生产的汽车数量，虽然因为统计方法不同在结果上有些偏差，但大概有8500万辆到1亿辆左右。实际行驶的汽车约为12亿辆，如果其中2.5亿辆都是互联网汽车的话，那么其数量就占总数的20%（图3）。事实上，现在生产的汽车之中有大约2000万~3000万辆搭载有与手机连接的功能，到2018年这个数字将达到50%

图2 万物互联（IoE）

经济成长中的关键点

2020年预测

在12亿辆汽车中，
有20%是"互联网汽车"

6兆美元	500亿	>2.5亿
IoE带来的经济影响	连接互联网的设备数量	互联网汽车2.5亿辆

资料: Forrester,Garther,Mckinsey Global Institute Werner kostler ©Continental AG

图3 IoE 提供了无限的可能性

汽车成为IoE的一部分

过去	现在	未来
汽车无法与互联网连接	许多汽车能够与互联网相连	汽车成为"IoE"的一部分

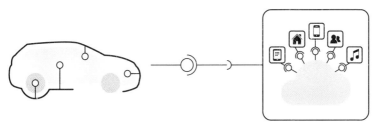

资料: Werner kostler ©Continental AG

图 4　IoE 提供了无限的可能性

更多的汽车将与互联网相连。

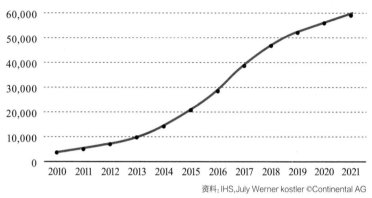

Connected new vehicles（K units）
with embedded connectivity NAD /year

资料：IHS,July Werner kostler ©Continental AG

（图4）。也就是说，未来能够通过汽车收集到非常庞大的数据，并加以利用。

本来汽车就拥有多种多样的功能，现在一辆中型汽车就拥有对温度、速度、油压等进行监测的传感器170多个，还有接近90个控制单元以及150个以上的执行机构（图5）。

而控制这些设备的软件的代码数量甚至比波音787的软件代码还要多（图6）。

图 5　数字化

汽车已经变成了一台移动的计算机。

170 个以上 传感器	90 个 控制单元	150 个以上 执行机构

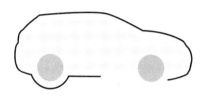

资料：Werner kostler ©Continental AG

图 6

数字化：车辆中软件所占的比率急速增加。

代码数（百万）

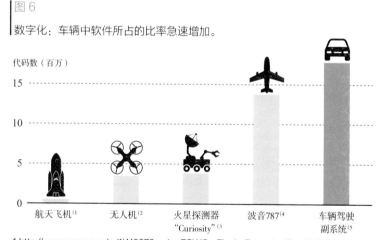

航天飞机[1]　无人机[2]　火星探测器　波音787[4]　车辆驾驶
　　　　　　　　　　　"Curiosity"[3]　　　　　　副系统[5]

1 http://www.nasa.gov/pdf/418878main_FSWC_ Final_ Report pdf and NASA
2 http://www.wired.com/2012/11/navy-killer-drone/ and Northrop
3 http://www.verticalsysadmin.com/making_robust_software/ and NASA
4 波音公司
5 个人预测

资料：Werner kostler ©Continental AG

数字化改变汽车市场

随着数字化的不断发展，汽车市场将会发生怎样的变化呢？

现在的车辆上就已经搭载有大量的传感器和执行机构等硬件，相应地也有许多对其进行控制的软件以及其他各种各样的软件（图7）。在不久的将来，汽车作为IoE的一部分必然与互联网相连，毫无疑问将来汽车上需要的软件数量将变得更多。

今后，即便在汽车行驶过程中也可以利用外部装置对汽车搭载的软件进行控制。比如导航系统的应用程序。将来只要在车载导航系统中输入当前位置与目的地，该数据就将通过网络被送到后台系统，后台系统计算出的最佳路线又将通过网络传送回来显示在导航的显示屏上。

除了丰田、日产、本田、马自达等传统的汽车生产企业之外，谷歌、微软这样的互联网公司也表明将进军后台系统领域。

对于向汽车提供零部件的电装（DENSO）和大陆集团来说，这

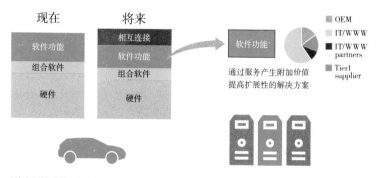

图 7　数字化的背景与影响

数字化改变汽车市场。

系统由硬件零件和软件功能组成
汽车内部：关键实时系统（例：安全性）、与车辆网络的连接性
后台：灵活且扩展性极强的功能包

资料：Werner kostler ©Continental AG

其中也隐藏着巨大的商业机会。但我认为在这种情况下，零件供应商不应该单独开发所有的软件，而应该与IT系企业寻求合作。顺带一提，大陆集团已经与思科和IBM达成了战略合作伙伴关系。思科负责数据安全，IBM负责存储设备和大数据的分析。

城市化带来的商机

接下来，让我们思考一下给汽车行业带来变革的外因之一"城市化"（图8）。

图8

城市化：到2025年将有37个城市成为人口突破1千万的巨大城市

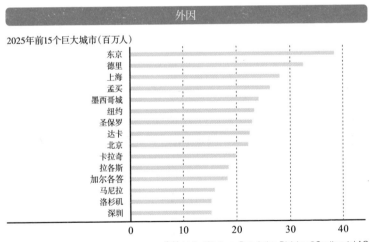

资料: United Nations, Population Division ©Continental AG

今后，城市化的进程还将继续。人口从乡村涌向城市，现有的城市越来越大，这是谁也无法阻止和改变的事实。但是，城市变大之后的形态却不止一个。目前能够预测的形态有三种。一个是城市本身巨大化发展成为超级城市。一个是城市与周边区域合体成为一个巨大的地区。比如日本的东京与横滨、千叶和埼玉就是这种情况。第三个是河流两岸与山谷周围的人口密度增加，形成一个巨大的城市网络。

预计到2025年，全世界前15个巨大城市如下。

（1）东京（包括东京、横滨、千叶、埼玉）（2）德里（3）上海（4）孟买（5）墨西哥城（6）纽约（7）圣保罗（8）达卡（9）北京（10）卡拉奇（11）拉各斯（12）加尔各答（13）马尼拉（14）洛杉矶（15）深圳

其中没有一个欧洲的城市。也就是说，巨大城市只会出现在美洲和亚洲。所以欧洲人恐怕很难想象在巨大的城市之中如何实现高效的交通运输。

然后让我们看一看随着城市的数字化，服务形态将会发生哪些改变。

城市巨大化之后，其街区将成为智能城市。届时，健康与教育制度将成为平台。而且为了向居住在城市里的人提供食物，城市型农业也将得到巨大的发展。

如何实现建筑能源的最优化与如何实现家庭电器的自动化也是必须思考的问题。

在基础设施方面，利用智能计量器实现能源分配最优化、垃圾处理和收费系统等也将成为课题。

街区的安全与运输系统也将发生变化。道路拥堵监测与路线安排、路线最优化、安保监控等都可以通过数字化技术实现。

当城市发展成为智能城市，所有的一切都将成为IoE的一部分，必将产生大量的数据。如何将这些数据转变为商机，将成为决定企业业绩的关键。

汽车行业的两个商业模式

今后，汽车行业将存在两种商业模式。

一个是生产商向用户销售汽车，也就是传统的商业模式（图

9）。另一种就是针对不想养车但却有从A地点移动到B地点需求的人，向这些人提供移动服务的商业模式。

传统的商业模式，注意力都集中在汽车这个产品上。生产商需要拥有强大的技术实力，让自己销售的产品取得用户的信赖。而用户在购买汽车之后，自然就拥有了汽车的所有权。

而对于提供移动服务的商业模式来说，商品不是汽车而是服务。所以要求汽车必须便于驾驶，而且能够被多人共享。

图 9

面向（人·物）的移动服务。

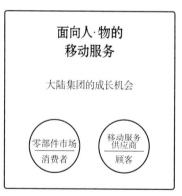

资料：Werner kostler ©Continental AG

大陆集团在继续发展传统模式的同时，为了开拓新的商业机会，也将在新的模式上投入一定的力量。

说起传统模式，大家首先想到的肯定是大众、丰田、日产、本田、通用汽车、福特、戴姆勒、现代等企业。与之相对的，说起新模式，谷歌、苹果、优步、亚马逊等其他行业的企业也成为了汽车行业的新加入者。在欧洲开展共享汽车业务的DriveNow就是宝马的子公司。宝马在从事汽车生产与销售这一传统模式的同时，也通过下属的企业实现了对移动服务领域的进军。

那么，从事汽车生产与销售的企业进军移动服务市场都有哪些好处呢？

要是有人问你"最近坐过什么飞机"，绝大多数人的回答都是航空公司的名字，比如"新加坡航空"或者"汉莎航空"。而回答"波音B787""空客A340"这种飞机型号的人肯定很少吧。将来汽车行业也会出现同样的情况。

对于移动服务来说，消费者关注的只是服务内容本身而非使用的是什么汽车。今后市场对移动服务的需求越来越高，但汽车生产商的品牌价值却发挥不了太大的作用。

汽车市场将像手机一样，以五年为单位签订合约，按月支付费用。在每个月的费用中包括根据行驶距离改变的汽车保险费用以及与维保相关的成本等。

对于提供移动服务的企业来说，汽车只不过是提供服务的工具罢了。也就是说，今后汽车也将和手机一样商品化。

为什么需要自动驾驶

在汽车发展的下一个阶段，自动驾驶备受瞩目。如果能够完全实现自动驾驶，那么或许连驾驶证都没必要存在了。

人类为什么需要自动驾驶？原因之一是老年化。那些因为上了年纪而没办法自己开车的人，有了自动驾驶汽车之后就可以实现自由移动。而且今后为了能够安全且高效地运输人类之外的物体，自动驾驶也是必不可少的。

另外，因为自动化在许多行业都已经进入到实用阶段，所以汽车的自动驾驶在技术上也已经比较成熟。如今最需要解决的问题或许不是技术，而是应该完善相应的法律法规。

那么自动驾驶都需要什么呢？首先需要的是能够代替人类的眼

睛和耳朵对周围的情况进行识别的"传感器"。其次是能够进行"加油""转向""刹车"之类的"判断"并且做出"执行操作"的"执行机构"。

自动驾驶今后还将取得怎样的进步？截止到2016年为止，汽车已经实现了部分自动化。预计到2020年，汽车将实现高度的自动化，驾驶员不必时刻注意汽车的驾驶情况。日本正在特定的地区开展自动驾驶汽车的准备工作，计划在2020年东京奥运会开幕前完成。预计2025年以后，在高速公路上将能够实现完全的自动驾驶。

与自动驾驶相关的企业都有哪些？传统的汽车生产企业以及提供技术的企业（比如大陆集团）自不必说，半导体也将成为非常重要的因素。大家听说过MOBILEYE吗？这家公司生产全世界性能最优秀的车载摄像头用传感器。通过这个传感器能够感知周围的环境，基于这一信息就可以作出应该采取什么行动的判断。除此之外还有IT企业，比如众所周知的谷歌。

自动驾驶的商业模式

自动驾驶也拥有两种商业模式（图10）。一个是像梅赛德斯、宝马、丰田等传统的汽车生产商，在自己生产的汽车上搭载自动驾驶系统进行销售的商业模式。另一种就是运输服务提供商作为自己服

图10

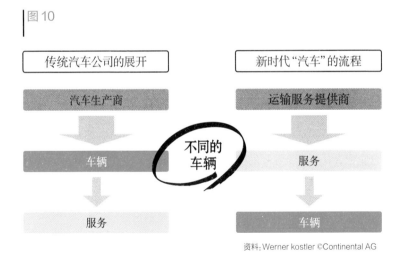

资料：Werner kostler ©Continental AG

务的展开手段，在汽车上加装自动驾驶功能的商业模式。

优步目前的商业模式是为需要运输服务的人和提供运输服务的人提供一个相互匹配的平台。但是，优步本身一台用于营运的汽车也没有。

现在优步面临的最大的问题是，需要运输服务的人数远远大于提供运输服务的人数。一旦实现了自动驾驶，优步供需不平衡的问题就将迎刃而解。

话说回来，自动驾驶这个想法究竟是谁提出来的呢？至少就我所知，关于公共交通机构的自动驾驶并不是汽车生产商提出的。

如果做一个关于"你认为哪家公司对自动驾驶做出的贡献最大"的舆论调查，恐怕绝大多数的人都会回答"谷歌"吧。其次大概是苹果、特斯拉等软件系企业，而传统的汽车生产企业的排名则很靠后。

但这并不意味着传统的汽车生产企业对自动驾驶的关注度不高。事实上，传统的汽车生产企业对自动驾驶的技术开发也很积极。只不过他们并没有大肆宣传罢了。原因在于，一旦做出"我们实现了自动驾驶"之类的宣传，就会将消费者的期待值变得很高。如果该企业率先推出了能够进行自动驾驶的汽车，却引发严重的交通事故，那么该企业多年以来建立起来的品牌形象恐怕会瞬间崩溃。很多传统的汽车生产企业都因为存在这样的顾虑，所以才一直慎重地观察，不敢贸然出手。

大陆集团的eHorizon

虽然绝大多数可能实现自动化的功能都已经得到开发并进入实用阶段，但距离完全实现自动化还需要很长时间。

目前汽车上搭载的传感器的感知范围最多只有300米，但这种程度的感知范围是远远不够的。传感器将收集到的信息通过互联网传送给后台系统，后台将这些信息与其他数据相结合，然后计算出"前方路段有结冰，车辆易打滑"之类的有用信息并与其他车辆共享。基于这一信息，车辆才能够提前做出减速或者绕行的行动（图11）。

大陆集团正在开发一个名为"eHorizon（Dynamic Electronic Horizon）"的系统（图12、图13）。只要在车载设备中输入从A地点到B地点，不但能够通过网络获取行驶路线相关的各种信息，在通勤往返的情况下系统还会自动记录车辆行驶的路线。另外，后台系统还

图11 未来图

动态eHorizon：汽车能够预先观测前方情况。

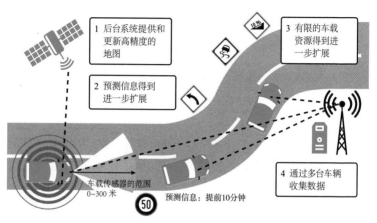

1 后台系统提供和更新高精度的地图

2 预测信息得到进一步扩展

3 有限的车载资源得到进一步扩展

车载传感器的范围 0~300米

预测信息：提前10分钟

4 通过多台车辆收集数据

资料：Werner kostler ©Continental AG

会从通过设置在道路两旁的传感器收集到的数据中挑选出有用的信息及时地发送给行驶车辆。

交通灯助手就是利用eHorizon实现的功能之一。现在，驾驶者即便看到了交通信号灯但却不知道绿灯还会持续多久，还有几秒就会变成红灯。但是，随着巨大城市的数字化不断发展和进步，后台系统将能够对所有的信号灯数据进行收集和分析，然后将信号灯的变化情况实时地发送给行驶中的车辆。行驶中的车辆可以根据信号

图 12 电子地平线（eHorizon）

智能交通的核心技术。

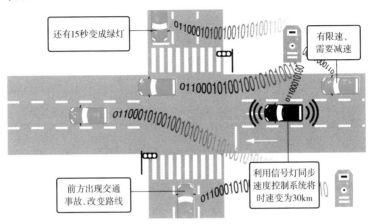

还有15秒变成绿灯

有限速、需要减速

前方出现交通事故、改变路线

利用信号灯同步速度控制系统将时速变为30km

资料：Werner kostler ©Continental AG

图 13 eHorizon 的进化（eHorizon）

通过附加值开拓市场。

传动系统部门		底盘与安全性部门		内饰部门		轮胎部门	
			eHorizon powered				
2016		2017		2018~2019		2020...	
曲线速度警告	道路危险信息警告	高级刹车控制	ESC预测	速度建议	紧急驾驶助手	减震控制	平视显示
智能ACC	交通灯助手	紧急制动	48V Eco-Drive系统	绿波带助手	排队行驶	高速公路自动驾驶	完全自动驾驶
智能驾驶、ECO巡航	智能能源管理	远程控制	可停车的停车场信息	优化档位	预先维保	悬架预先控制	
软件无线更新	高精细度地图更新	最优线路导航	隆起/凹陷警告	远程诊断	车辆生命周期管理	城市中的收费服务	
效率		安全		舒适		维护	

资料：Werner kostler ©Continental AG

灯的变化情况利用智能减速助手自动进行减速，并且切换到巡航模式。这样就可以实现能效的最优化。

或许有人觉得这只是一个非常简单的系统，但实际上要想实现这一切，需要收集所有的信号灯数据，然后对这些数据进行分析再发送给行驶中的车辆，车辆根据数据信息对引擎进行控制，总共需要3个系统共同合作。

最重要的是接口的统一。即便城市实现了智能化，但如果每个街区的接口都各不相同，那么系统就会变得非常复杂。

Park&Go @SG（图14、图15）

只要在车载导航上输入目的地就会显示出最佳路线，这对我们来说已经是习以为常的事情了。但等我们抵达目的地之后却不一定能找到停车位。有时候为了寻找空余车位而转上10分钟、15分钟的情况很常见。于是，大陆集团与新加坡政府和新加坡工业大学合作，开发了一个寻找停车场空余车位的应用程序"Park&Go @SG"。

图14 Park&Go @SG

技术解说

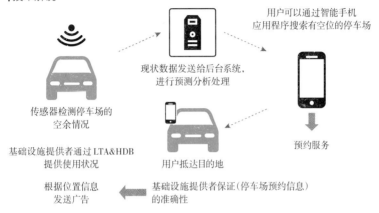

用户可以通过智能手机
应用程序搜索有空位的停车场

现状数据发送给后台系统，
进行预测分析处理

传感器检测停车场的
空余情况

预约服务

基础设施提供者通过LTA&HDB
提供使用状况

用户抵达目的地

根据位置信息
发送广告

基础设施提供者保证(停车场预约信息)
的准确性

图15 大陆集团的后台系统

面向地区的解决方案。

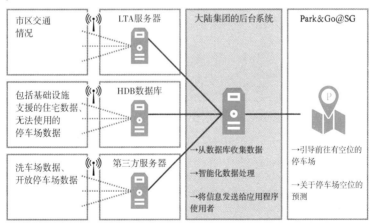

市区交通
情况

LTA服务器

大陆集团的后台系统

Park&Go@SG

包括基础设施
支援的住宅数据、
无法使用的
停车场数据

HDB数据库

→从数据库收集数据

→引导前往有空位的
停车场

洗车场数据、
开放停车场数据

第三方服务器

→智能化数据处理

→将信息发送给应用程序
使用者

→关于停车场空位的
预测

新加坡有65%的停车场是国营的。而且新加坡作为数字化发达国家，所有的停车场都已经配备了空余车位感知系统。通过将这一系统与车载导航相结合，只要驾驶员输入目的地，后台系统就会将最优路线与附近的停车场空余位置同时发送到驾驶员的智能手机应用程序上。

更方便的是，这一系统还能够预测抵达目的地时的车位空余情况。要是真的害怕抵达时没有空余车位甚至可以提前预约车位，不能预约的话还可以选择出现空位概率最高的停车场。当然，上述服务都是免费的。

除此之外，新加坡政府还对车流量大、停车场空余位置很少的地区收取高额的停车费，而对车流量小、停车场空余位置很多的地区只收取很少的停车费，以此来对车流量进行管控。

与自动驾驶相关的自动停车也受到了人们的关注。在使用鱼眼摄像头的影像雷达的基础上，现在又可以通过超声波来对距离进行检测，自动停车的精度得到了巨大的提升。

这种自动停车功能对于销售豪华汽车的生产商来说是个好消息。一直以来，想买豪华汽车但因为家里车库太小放不下而犹豫不决的人不在少数。但有了自动停车功能之后，驾驶员可以先从汽车上下来，让汽车自己停进车库。这样因为驾驶员不必停好车之后再打开车门下车，所以即便车库狭窄也没关系。也就是说，这样的人也可以购买豪华汽车了。

智能交通系统（图16）

虽然利用信息通信技术的交通基础设施与在车辆及用户之间搭建起数据网络的智能交通系统才刚刚起步，但今后毫无疑问将会取得飞跃性的进步。关于具体的变化有许多种可能性，但能够确定的一点是，所有数据的交换将成为基础。

比如，道路的使用者不只有汽车和驾驶员，还有车辆上运输的货物。货物通过IoE连接起来也是今后必不可少的。

智能交通系统带来的附加值包括以下4点。

①降低成本　　②缩短时间

③保护生命　　④保护环境

①和②很好理解，因为时间就是金钱。③指的是减少交通事故。将来如果能够实现完全的自动驾驶，那么交通事故也将彻底消失。④只能寄希望于各国政府。在这个趋势中，大陆集团在以销售硬件这一传统业务为核心的基础上，还会继续在移动服务这一崭新的商业模式中投入力量。

图 16　智能交通系统

数据是"21世纪的石油"，是ITS价值链的基础。

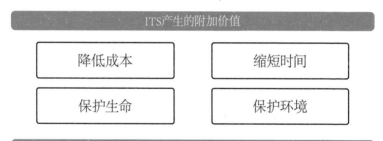

※什么是ITS

智能交通系统（Intelligent Transport System, 简称ITS）：将先进的信息技术、数据通讯传输技术、电子传感技术、电子控制技术以及计算机处理技术等有效地集成运用于整个交通运输管理体系，而建立起的一种在大范围内、全方位发挥作用的，实时、准确、高效的综合运输和管理系统

资料：Werner kostler ©Continental AG

【疑问解答】

Q1：您对谷歌和苹果进军汽车行业有什么看法？

维尔纳：谷歌追求的是自动驾驶，并没打算自己生产汽车和进行销售。

现在全世界行驶的汽车大约12亿辆。平均每个驾驶者在汽车中度过的时间为2小时，也就是说每天全人类花费在汽车里的时间超过20亿个小时。反过来说，每天全人类有超过20亿个小时不能碰智能手机。谷歌只是想通过实现自动驾驶，让人们能够有更多的时间去用智能手机进行检索。所以我个人认为谷歌并不会对汽车行业造成威胁。

苹果则和谷歌不同，苹果是一家销售硬件的企业，拥有极高的品牌价值。之前苹果进行过一个问卷调查，内容是"如果苹果推出汽车你会不会购买"。尽管苹果汽车连张概念图都没有，但仍然有超过10万人回答"会购买"。或许这些人觉得只要是苹果推出的产品，就一定拥有完美的设计和令人惊艳的功能吧。这样的话，对于丰田、本田和宝马等汽车生产企业来说，苹果就是一个非常强大的竞争对手。但我们大陆集团是汽车零部件供应商，如果苹果真的开始销售汽车，那对我们来说倒是又多了个客户。因此苹果并不会对我们公司造成威胁。

Q2：您说2025年将完全实现自动驾驶是真的吗？就算在高速公路上能够实现自动驾驶，但在市区内有行人的公路上能够完全实现自动驾驶吗？

维尔纳：在技术上是有可能的。统计数据显示，有80%以上的交通事故都是由于踩错油门与刹车、没及时发现行人等驾驶员犯的错误所导致的。但实现完全自动驾驶之后，虽然不敢说将事故率降低为0，但至少不会出现驾驶员人为导致的事故。

不过，实现完全自动化之后一旦发生重大事故究竟由谁来承担责任，这一点尚且没有定论。从这个意义上来说，之所以无法实现完全自动化，与其说是因为技术尚不成熟，不如说是缺乏完善的法律法规。

另外，不管刮风下雨、白天黑夜，汽车需要在各种条件下行驶。所以自动驾驶必须考虑到所有环境下的所有情况，所以现在的汽车生产企业可能还不太希望完全实现汽车的自动驾驶。

但对于优步来说，只在洛杉矶的白天让自动驾驶汽车出行是完全可以实现的。一旦下雨自动驾驶汽车就停止提供服务，更换为有驾驶员的汽车出动。或许将来自动驾驶就会以这种方式普及吧。

Q3：为了实现自动驾驶，对交通基础设施进行改造的成本应该由谁来承担呢？

维尔纳：考虑到规模，这不是普通民间企业能够承担的投资额。所以我觉得这应该是政府的责任。事实上，新加坡政府就已经做到了这一点。

不过，现在的问题是很难计算这一资金投入的性价比。比如说，通过将市区内所有的交通信号灯都数字化和最优化，从理论上来说能够降低发生事故的几率。这样以来，因为交通事故入院治疗的患者数量就会减少，在降低医疗费用的同时也降低了政府的财政负担。但是，如果对基础设施的投入达到50亿日元甚至100亿日元的话，要想从数字上证明对基础设施的资金投入确实给政府财政带来了好处并非易事。

以前德国法律规定，在建筑公寓住宅时必须按照户数配备同样数量的停车位。但随着共享汽车的普及，不再需要每家每户都有汽车。于是德国政府将法律变更为，如果一栋住宅的所有住户都同意共享汽车，那么这栋公寓的停车位数量最低可以只有户数的20%。这样以来，停车场的面积就可以缩小很多，而开发商可以利用多出的来的空地在多建造一两栋公寓住宅。类似这样的法律修正多多益善。

Q4：您这次主要介绍了人类的移动方式，那么关于货物的无人运输又将如何呢？

维尔纳：事实上在无人驾驶领域，货物运输的研究进度比载人汽车的研究进度快得多。因为商用车辆比载人汽车对成本更加敏感。罗孚汽车引入了排队行驶的技术。比如需要5辆卡车运输货物的时候，只要第一辆卡车上有司机驾驶，后面4辆卡车都能够实现自动跟随。从原理上来说就像火车拉车厢一样，但不同之处在于这5个卡车之间没有任何的物理连接。后面的车会自动地沿着前面车辆行驶的轨迹行驶。这种排队行驶的技术尚处于测试阶段，很快会投入使用。

另外，在制造业现场自动化的进展速度也非常快。在工厂内搬运货物的机器人如今已经十分常见。新加坡港口负责运送集装箱的货车都是自动行驶汽车。不过，自动行驶范围仅限于港湾公司的场地之内，不能上公路。

Q5：自动驾驶能够应对突然的温度剧变和强风、暴雨、积雪等情况吗？

维尔纳：传感器和控制机构完全不必担心。一般来说这些都有双重保护，运转时也有严格的监测，就算这些设备出现了问题，只要从自动驾驶切换到人工驾驶，或者将车停靠在路边就行了。

需要注意的是信息安全。比如因为中了病毒导致交通机构陷入瘫痪。因为互联网汽车一直与网络相连，所以很容易受到病毒的入侵。

Q6：传动装置的电动化也是移动服务的一环吗？电动汽车提供的服务会有什么变化吗？

维尔纳：为了降低空气污染，今后大城市肯定会更多地选择清洁能源。在交通方面，虽然现在充电桩的数量还远远不够，但今后肯定会逐渐增加。到那个时候因为不用再向加油站运送汽油，交通一定会变得更加效率。

另外，随着电动化的发展，会有更多其他行业的企业都加入到汽车生产之中来。因为控制装置和电动引擎的技术门槛并不高。电动车最大的弱点是续航能力差，但在发展过程中这一问题肯定会得到解决。

未来电动车的结构和形状肯定也和现在的汽车有很大的不同。现在的汽车出于安全性的考虑必须配备在受到冲击时保护驾驶员的措施，所以车身重量往往都在一吨以上。但实现电动化和自动化之后，因为安全性有了保证，那么像安全气囊那样的安全装置就没有必要了。未来汽车的重量大概能够降低到现在的三分之一左右吧。

现在电动汽车多是上了年纪的老人在市区内作为短距离代步来使用。今后电动汽车可能会更多地被用来运输货物。顺带一提，无人机应该也是类似的发展方向。

Q7：大陆集团在坚持传统汽车行业商业模式的同时，还要作为移动服务的供应商发展，在公司内部是否会引发矛盾呢？

维尔纳：公司内部也有对新的商业模式心存怀疑的人。比如脸书总部贴着这样一条标语"与其等待完美，不如立刻行动"。但对于汽车零件供应商来说，与快速完成工作相比，提供完美的产品更为重要，因此那些习惯了传统商业模式的员工对脸书的标语完全无法接受。

但另一方面，也有不少人对新的商业模式充满了期盼。他们对于开展移动服务业务十分支持。如果在这种状态下同时追求两种商业模式，价值观不同的人肯定会相互扯后腿，影响前进的效率。

所以大陆集团将组织拆分为两部分。这样就不用担心相互之间影响效率了。

Q8：如果10年后自动驾驶的时代来临，那现在从事传统商业模式的员工又将如何呢？

维尔纳：今后包括后台在内的系统和软件将越来越复杂，公司会在这部分加大投资力度。但公司不可能大量雇佣程序员，只要将编程的工作外包给印度的软件公司就行了。我们需要的是能够理解系统框架，知道哪个模块和哪个模块相组合能够实现什么功能的人。因此，2015年公司收购了一家拥有2000名员工的软件公司。

我觉得将来不会再有像方向盘之类的产品。到了那个时候，生产方向盘的工作当然也会随之消失。所以人事部门有必要提前制定计划，以应对可能出现的人事变动。

Q9：移动服务涵盖的范围相当广阔。大陆集团瞄准的是那些方面呢？

维尔纳：并没有一个像是"从这里到这里"的非常明确的范围。总之，要从我们非常熟悉的汽车零部件开始。

一个是汽车的钥匙。我们开发了一个拥有车钥匙功能的智能手机应用程序，用以取代之前单独的车钥匙。这个功能一旦实现，在共享汽车的时候就不用每次都交换钥匙了。

还有一个是可以在自己家里向超市发送购买清单，超市方面直接将清单上的商品放进你车里的机制。亚马逊用物流实现这项服务，而我们用的是汽车的后备箱。

Q10：实现自动驾驶之后，是不是就再也没有超速违章了？

维尔纳：实现自动驾驶之后，想要比别人更快而超速的人自然也就没有了。因为如果抵达目的地需要2小时的话，在汽车自动驾驶的这2小时里，乘车人可以做任何事来打发时间。

另外，随着对人类的行为模式进行了大量调查之后，人工智能和深度学习的算法也得到了不断开发。自动驾驶汽车与后台系统相连，这些高级算法能够对驾驶进行调整和控制。所以自动驾驶汽车不会出现超速等违反交通规则的情况。

Q11：自动驾驶普及之后，如果发生交通事故由谁来承担责任呢？保险公司对此又有什么看法呢？

维尔纳：从长远来看，自动驾驶确实能够降低事故发生的几率，因此保险公司应该是欢迎自动驾驶的。但是，在自动驾驶的普及阶段确实会遇到很多问题。而且因为现在并没有具体的事例存在，所以也难以进行预测。从这个意义上来说，保险公司或许也会成为阻碍自动驾驶普及的主要因素之一。

沃尔沃宣布将在2020年发售自动驾驶汽车，同时自己承担保险责任。而在消费者看来，生产商敢承担保险责任，说明对汽车的安全性有相当强的信心，可以说沃尔沃的这一战略在营销上取得了巨大的成功。

像沃尔沃这样由生产商自己承担保险责任，是解决自动驾驶汽车保险问题的一个突破口。

优步在提供保险服务的同时，也由自己来判断究竟是应该采取自动驾驶模式还是切换到有人驾驶模式。

保险公司也进行了许多尝试。比如让驾驶员提供驾驶数据，根据行驶距离和驾驶方式来判断是否安全，从而决定第二年的保险费用。这种被称为UBI的新体制也是自动驾驶普及后值得关注的新保险体制。

（收录于2016年2月27日"ATAMI SEKAIE"）